ÜBER WÄRMELEITUNG
UND ANDERE AUSGLEICHENDE VORGÄNGE

VON

DR. EMIL WARBURG
PROFESSOR AN DER UNIVERSITÄT BERLIN

MIT 18 ABBILDUNGEN

BERLIN
VERLAG VON JULIUS SPRINGER
1924

ISBN-13:978-3-642-98153-1   e-ISBN-13:978-3-642-98964-3

DOI: 10.1007/978-3-642-98964-3

Vorwort.

Bei der Abfassung dieses kleinen Buches habe ich die Be-
dürfnisse des Experimentalphysikers und des Technikers im Auge
gehabt; vorausgesetzt ist die Kenntnis der Experimentalphysik
in dem Umfang meines Lehrbuchs und die Kenntnis der Grund-
züge der Infinitesimalrechnung. Die gebrauchten Bezeichnungen
sind hierunter zusammengestellt; zuweilen sind verschiedene
Größen durch denselben Buchstaben bezeichnet (z. B. R für Gas-
konstante und elektrischen Leitungswiderstand). Es bleibt dem
Leser überlassen, sich mittels der beigefügten Dimensionen von
der Homogenität der Gleichungen des Textes zu überzeugen. Für
eingehendere Belehrung seien genannt:

Riemann, B.: Partielle Differentialgleichungen, Vorlesungen
    herausgegeben von K. Hattendorf. Braunschweig: Fr. Vieweg
    & Sohn 1869.

Weber, H.: Die partiellen Differentialgleichungen der mathe-
    matischen Physik. Braunschweig: Fr. Vieweg & Sohn.

v. Helmholtz, H.: Vorlesungen über die Theorie der Wärme,
    herausgegeben von Franz Richarz. Leipzig: Joh. Ambr. Barth
    1903.

Kirchhoff, G.: Vorlesungen über analytische Mechanik. Leipzig:
    B. G. Teubner 1874.

Kirchhoff. G.: Vorlesungen über die Theorie der Wärme,
    herausgegeben von M. Planck. Leipzig: B. G. Teubner 1894.

Der Artikel über Wärmeleitung von Hobson, E. W., und
    Diesselhorst, H. in der Enzyklopädie der mathematischen
    Wissenschaften.

Berlin, im Mai 1924.

E. Warburg.

Inhaltsverzeichnis.

Inhaltsverzeichnis.

V

Seite

Bezeichnungen und Dimensionen.

Wärmeleitung.

Größe	Bezeichnung	Dimensionen
Zeit	t	T
Temperatur in Cels. gr.	u	θ
Absolute Temperatur	T	θ
Wärmemenge, kalorimetrisch gemessen		$M\theta$
Wärmefluß in einem Punkt für die Richtung n[1])	q_n	$\dfrac{M\theta}{L^2 T}$
Intensität des Wärmestroms[2])	i	$\dfrac{M\theta}{L^2 T}$
Gesamter Wärmestrom von Fläche 1 nach Fläche 2	J_{12}	$\dfrac{M\theta}{T}$
Wärmeleitungsvermögen	k	$\dfrac{M}{L\,T}$
Dichtigkeit	ϱ	$\dfrac{M}{L^3}$
Spezifische Wärme	c	0
Temperaturleitungsvermögen	$a^2 = k/\varrho c$	$\dfrac{L^2}{T}$
Äußeres Wärmeleitungsvermögen	h	$\dfrac{M}{L^2 T}$
Temperatursprungskoeffizient für den Übergang von 1 nach 2	γ_{12}	L
Thermischer Leitungswiderstand	W	$\dfrac{T}{M}$

---

[1]) D. h. Wärmemenge, die in der sec durch ein senkrecht zu n gelegtes cm² nach der Seite von n hindurchgeht.

[2]) D. h. Wärmefluß für die Richtung maximalen Wärmeflusses.

Größe	Bezeichnung	Dimensionen
Wärmemenge erzeugt im cm^3 pro sec .	w	$\dfrac{M\theta}{L^3 T}$

Diffusion.

Größe	Bezeichnung	Dimensionen
Konzentration	c	$\dfrac{M}{L^3}$
Diffusionskoeffizient	D	$\dfrac{L^2}{T}$

Reibung.

Größe	Bezeichnung	Dimensionen
Koeffizient der inneren Reibung . . .	μ	$\dfrac{M}{L T}$
Koeffizient der äußeren Reibung . . .	F	$\dfrac{M}{L^2 T}$
Gleitungskoeffizient	$\lambda = \dfrac{\mu}{F}$	L

Verschiedenes.

Größe	Bezeichnung	Dimensionen
Periode	τ	T
Kreisfrequenz	ω	$\dfrac{1}{T}$
Winkelgeschwindigkeit	ω	$\dfrac{1}{T}$
Wellenlänge	λ	L
Druckkomponenten ausgeübt nach der Seite der Normalen n der gedrückten Fläche	X_n, Y_n, Z_n	$\dfrac{\text{Kraft}}{L^2}$
Drehungsmoment	D	$\text{Kraft} \cdot L$
Trägheitsmoment	K	$M \cdot L^2$
$\dfrac{\partial^2 f}{\partial x^2} + \dfrac{\partial^2 f}{\partial y^2} + \dfrac{\partial^2 f}{\partial z^2} .$	$\varDelta f$	
Besselsche Funktion von x erster Art, 0ter und 1ter Ordnung	$J_0(x), J_1(x)$	

Elektrizität.

Größe	Bezeichnung	Dimensionen
Elektrizitätsmenge	e	
in elektrostatischem Maß		$L \cdot \sqrt{\text{Kraft}}$
in elektromagnetischem Maß . . .		$T \cdot \sqrt{\text{Kraft}}$
in Coulomb		
Stromstärke	I	
in elektrostatischem Maß		$\dfrac{L\sqrt{\text{Kraft}}}{T}$
in elektromagnetischem Maß . . .		$\sqrt{\text{Kraft}}$
in Ampere		
Spannung	u	
in elektrostatischem Maß		$\sqrt{\text{Kraft}}$
in elektromagnetischem Maß . . .		$\dfrac{L}{T} \cdot \sqrt{\text{Kraft}}$
in Volt		
Elektrischer Leitungswiderstand . . .	R	
in elektrostatischem Maß		$\dfrac{T}{L}$
in elektromagnetischem Maß . . .		$\dfrac{L}{T}$
in Ohm (Ω)		
Elektrostatische Kapazität	C	
in elektrostatischem Maß		L
in elektromagnetischem Maß . . .		$\dfrac{T^2}{L}$
in Farad		

Verschiedenes.

Größe	Bezeichnung	Dimensionen
Gaskonstante	R	$\dfrac{\text{Arbeit}}{M} \cdot \dfrac{1}{\theta}$
Mechanisches Wärmeäquivalent . . .	J	$\dfrac{\text{Arbeit}}{M} \cdot \dfrac{1}{\theta}$
	$\dfrac{R}{J}$	0

Die positive z-Achse wird immer so gezogen, daß von ihr aus gesehen die Drehung, durch welche die $+x$-Achse in die $+y$-Achse auf dem kürzesten Wege übergeführt wird, der Drehung des Uhrzeigers entgegenläuft, indem das Ziffernblatt dem Beobachter zugekehrt ist. Jene Drehung gilt als die positive Drehung in der xy-Ebene.

Einleitung.

Begriff und Eigenschaften ausgleichender Vorgänge.

1. Begriff der ausgleichenden Vorgänge. Ein isoliertes, d. h. äußeren Einwirkungen entzogenes System in ruhender für Energie undurchlässiger Hülle geht mit der Zeit in einen Gleichgewichtszustand über, in welchem keinerlei Veränderungen mehr stattfinden und räumliche Zustandsunterschiede soweit als möglich ausgeglichen sind. Herbeigeführt wird dieser Ausgleich durch die ausgleichenden Vorgänge. Es werden ausgeglichen: Temperaturunterschiede durch Wärmeleitung und Strahlung, Geschwindigkeitsunterschiede durch Reibung, Konzentrationsunterschiede durch Diffusion, Potentialunterschiede innerhalb homogener Substanzen durch elektrische Leitung.

Wenn in den Schenkeln eines Flüssigkeit enthaltenden U-Rohres ein Niveauunterschied besteht, so wird dieser zwar zunächst durch die Schwere ausgeglichen, aber darauf in den entgegengesetzten verwandelt, die Flüssigkeit pendelt hin und her, aber zu einem Gleichgewichtszustand kommt es nicht, ein solcher tritt erst ein, wenn der ausgleichende Vorgang der Reibung mitwirkt. Die Schwerebeschleunigung ist also kein ausgleichender Vorgang in obigem Sinne.

2. Hilfssätze aus der Thermodynamik. Alle ausgleichenden Vorgänge haben ein gemeinsames Merkmal, einige thermodynamische Sätze, die zu dessen Verständnis erforderlich sind, führen wir hier ohne Beweis an. Man unterscheidet zwei Arten von Energie, erstens frei verwandelbare Energie, ein Beispiel dafür ist die potentielle Energie eines gehobenen Gewichts, sie kann vollständig in irgendeine andere Energieform, z. B. Wärme verwandelt werden. Zweitens nicht frei verwandelbare Energie, zu welcher besonders die Wärme gehört. Diese kann nur zum Teil in die potentielle Energie eines gehobenen Gewichtes verwandelt werden, während der andere Teil von einem wärmeren Körper (Wärmequelle) zu einem kälteren (Kühler oder

Refrigerator) übergehen muß. Ein derartiger Vorgang findet in den Dampfmaschinen, in vollkommenerer Weise in der sogenannten Carnotschen Maschine statt, welche man zwar nicht konstruieren, aber sich vorstellen und zu Schlüssen benutzen kann. In dieser Maschine macht eine Substanz, die sogenannte arbeitende Substanz, entsprechend dem Wasser in der Dampfmaschine, einen Kreisprozeß, d. h. einen Zyklus von Veränderungen durch, nach welchem sie in den Anfangszustand zurückgekehrt ist. Dabei hat sie aus der Wärmequelle von der absoluten Temperatur T_2 eine gewisse Wärmemenge Q_2 entnommen, einen Teil davon Q_1 an den Kühler von der Temperatur T_1 abgegeben und die Differenz $A = Q_2 - Q_1$ in frei verwandelbare Energie übergeführt, was man sich als Hebung eines Gewichtes G um die Höhe h, so daß A proportional $G \cdot h$, vorstellen kann. Es ist also $Q_2 > Q_1$. Das charakteristische Merkmal der Carnotschen Maschine besteht darin, daß die in ihr stattfindenden Vorgänge vollkommen umkehrbar oder reversibel sind. Reversibel heißt ein Vorgang, welcher vollständig rückgängig gemacht werden kann, so daß alle an dem Vorgang beteiligten Körper in den Anfangszustand zurückgekehrt sind. Die Carnotsche Maschine ist nun so eingerichtet, daß man die arbeitende Substanz ihren Kreisprozeß in genau umgekehrter Richtung durchlaufen lassen kann, wobei dann Q_1 aus dem Kühler entnommen, A in Wärme zurückverwandelt und $Q_2 = Q_1 + A$ an die Quelle zurückgegeben wird; damit sind alle Veränderungen rückgängig gemacht. In der Thermodynamik wird gezeigt, daß $Q_2/Q_1 = T_2/T_1$ und daß der Nutzeffekt A/Q_2 für jede umkehrbare Maschine der gleiche und größer ist als für eine nicht umkehrbare Maschine.

Es ist noch nötig, den Begriff der Entropie zu erklären. Bei einer unendlich kleinen reversiblen Zustandsänderung nehme ein Körper von der absoluten Temperatur T die Wärmemenge dQ auf, dann ist die Entropie S bis auf eine additive Konstante definiert durch die Gleichung

$$dS = \frac{dQ}{T}, \qquad \ldots \ldots \ldots \ldots \quad (1)$$

woraus

$$S = S_0 + \int_{T_0}^{T} \frac{dQ}{T}. \qquad \ldots \ldots \ldots \quad (2)$$

Wenn Zustandsänderungen nur durch Wärmeaufnahme ohne Arbeitsleistung erfolgen, indem also Volumänderungen außer Spiel bleiben oder zu vernachlässigen sind, so kann man die Entropieänderungen nach (1) berechnen, gleichgültig, ob die Wärmezufuhr dQ reversibel oder irreversibel erfolgt, d. h. aus einer Quelle entnommen wird, deren Temperatur die des Wärme aufnehmenden Körpers um einen unendlich kleinen oder endlichen Betrag übersteigt.

3. Gemeinsame Merkmale ausgleichender Vorgänge. Nach diesen Auseinandersetzungen kann man das gemeinsame Merkmal der ausgleichenden Vorgänge in dreierlei Weisen ausdrücken, die im Grunde dasselbe besagen: sie sind irreversibel, sie führen einen Verlust an frei verwandelbarer Energie herbei, sie bringen eine Vermehrung der Entropie hervor.

4. Reversibler und irreversibler Ausgleich von Temperatur-differenzen. Folgendes Beispiel diene zur Erläuterung. Es seien gegeben zwei gleiche feste Körper 1 und 2 von der konstanten spezifischen Wärme c und den Temperaturen $T_1{}^0$ und $T_2{}^0$, wo $T_2{}^0 > T_1{}^0$. Man kann nun den Ausgleich der Temperaturen zu einer gemeinschaftlichen Endtemperatur T herbeiführen, entweder irreversibel durch Wärmeleitung, indem man die Körper miteinander in Berührung bringt, oder reversibel, indem man die 2 zu entziehende Wärme in eine Carnotsche Maschine eintreten läßt, wobei 1 als Kühler dient. Hierbei wird frei verwandelbare Energie gewonnen, diese geht verloren, wenn man den Ausgleich durch Wärmeleitung herbeiführt. Wollte man in diesem Fall den Anfangszustand wieder herstellen, so müßte man Wärme von 1 nach 2 schaffen, also, indem 1 sich dabei abkühlt, Wärme von einem Kühler zu einem wärmeren Körper überführen. Dies kann geschehen, indem man die Wärme aus 1 in eine Carnotsche Maschine eintreten und diese rückwärts arbeiten läßt, wobei eine gewisse Menge frei verwandelbarer Energie in Wärme verwandelt wird, also andere Körper gewisse Veränderungen erleiden. Der Vorgang ist deshalb irreversibel.

Um das Beispiel rechnerisch zu verfolgen, möge durch Q immer die aufgenommene Wärme bezeichnet werden, so daß abgegebene Wärme negativ gerechnet wird. Ferner sollen die Volumänderungen der festen Körper vernachlässigt werden, so daß man zur Berechnung der Entropieänderungen die Gl. (1) benutzen darf. Es seien nun T_1 und T_2 allgemein die absoluten Temperaturen von 1 und 2 während des Ausgleichs, dann ist in jedem Fall

$$dS_1 = dQ_1/T_1 = c\,dT_1/T_1; \quad \Delta S_1 = c \int_{T_1{}^0}^{T} dT_1/T_1 = c \cdot \log_e T/T_1{}^0$$

$$dS_2 = dQ_2/T_2 = c\,dT_2/T_2; \quad \Delta S_2 = c \cdot \int_{T_2{}^0}^{T} dT_2/T_2 = c \cdot \log_e T/T_2{}^0$$

$$\Delta S = \Delta S_1 + \Delta S_2 = c \cdot \log_e \frac{T^2}{T_1{}^0 \cdot T_2{}^0} \cdot \quad \ldots \ldots (3)$$

der allgemeine Ausdruck für den Entropiezuwachs beim Ausgleich der Temperaturen zu einer gemeinschaftlichen Endtemperatur T. Es folgen nun nebeneinander die Gleichungen für den irreversiblen und den reversiblen Ausgleich.

Irreversibler Ausgleich: Reversibler Ausgleich:

$$dQ_1 + dQ_2 = 0 \qquad dQ_1 + dQ_2 \cdot \frac{T_1}{T_2} = 0 \ \ldots \ldots (4)$$

$$dT_1 + dT_2 = 0 \qquad \frac{dT_1}{T_1} + \frac{dT_2}{T_2} = 0 \quad \ldots \ldots (5)$$

$$T_1 + T_2 = \text{konst.} = 2\,T_i \quad \log_e(T_1 T_2) = \text{konst.} = \log_e T_r{}^2 \quad (6)$$

$$\tfrac{1}{2}(T_1{}^0 + T_2{}^0) = T_i \qquad T_1{}^0 T_2{}^0 = T_r{}^2 \quad \ldots \ldots (7)$$

$$W_i = 0 \qquad W_r = 2\,c \cdot (T_i - T_r) \quad \ldots \ldots (8)$$

$$\Delta S_i = c \cdot \lg_e \left(\frac{T_i}{T_r}\right)^2 \qquad \Delta S_r = 0. \quad \ldots \ldots (9)$$

Hier sind die gemeinschaftlichen Temperaturen nach Ausgleich für die beiden Fälle durch T_i und T_r bezeichnet. T_i ist größer als T_r, indem das arithmetische Mittel größer ist als das geometrische, in der Tat ist bei reversiblem Ausgleich ein Teil der Wärme als solche verschwunden. T_r liegt näher an $T_1{}^0$ als an $T_2{}^0$,[1]) was daher rührt, daß die von 2 abgegebene Wärme nach (4) größer ist als die von 1 empfangene.

---

[1]) Man beweist leicht, daß das geometrische Mittel aus zwei Zahlen x und y, wo $x > y$, näher an y als an x liegt.

W ist der Gewinn an frei verwandelbarer Energie, für den irreversiblen Ausgleich gleich Null, für den reversiblen gleich dem Wärmeverlust $2\,c\,(T_i - T_r)$. Zur direkten Berechnung von W hat man hier

$$d\,W = -\,d\,Q_2 - d\,Q_1 = d\,Q_1\,(T_2/T_1 - 1) = c\,d\,T_1\cdot(T_2/T_1 - 1)$$
$$= c\,d\,T_1\,(T_r^{\;2}/T_1^{\;2} - 1),$$

woraus sich durch Integration nach T_1 von $T_1^{\;0}$ bis T_r für W der obige Wert $2\,c\,(T_i - T_r)$ ergibt. Die angegebenen Werte für den Entropiezuwachs $\varDelta S$ folgen aus 3) mittels der unter 7) gegebenen Werte von T_i und T_r. Es ist $\varDelta S_i > 0$, da $T_i > T_r$. Ist beispielsweise $T_1^{\;0} = 300^0$, $T_2^{\;0} = 500^0$, so wird $T_i = 400^0$, $T_r = 387{,}3$.

I. Allgemeine Theorie der Wärmeleitung.

5. Wärmefluß, Wärmestromdichte. Die Theorie der ausgleichenden Vorgänge, mit denen wir uns beschäftigen wollen, nämlich der Wärmeleitung, Reibung, Diffusion, Ohmschen elektrischen Leitung ist formell analog und wurde von Fourier[1]) an dem Beispiel der Wärmeleitung entwickelt, mit welcher wir beginnen.

Innerhalb eines ungleich temperierten, adiathermanen, d. h. für Strahlung undurchlässigen Körpers trenne eine Fläche S die Teile A und B (Abb. 1). B empfängt Wärme

1. durch Leitung von A, durch ein Element dS bei M tritt in der Zeiteinheit die Wärmemenge $q_n\,dS$ ein, wo n die nach dem Innern von S gerichtete Normale bedeutet und q_n, das positiv oder negativ sein

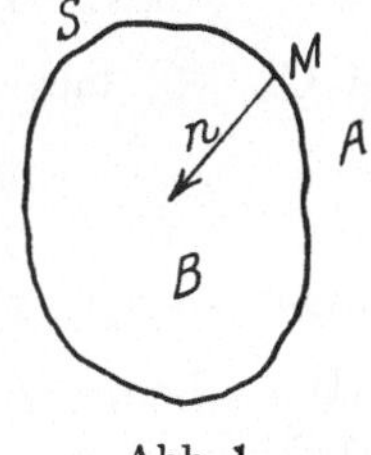

Abb. 1.

kann, von dem Ort und von der Richtung von n abhängt; von einer Richtung, in welcher die Wärme fließt, ist hier noch nicht die Rede. q_n heißt der Wärmefluß bei M für die Richtung n. Da der Körper adiatherman sein soll, so empfängt B von A keine Wärme durch Strahlung zwischen Stellen,

---

[1]) Fourier, J. B. J., 1822. Œuvres, herausgegeben v. C. Darboux, Bd. 1.

die in endlicher Entfernung voneinander liegen. Sollte die Strahlung zwischen benachbarten Molekeln eine Rolle spielen, so wäre diese in der Leitung einbegriffen. Im ganzen tritt also in B durch Leitung in dem Zeitelement dt ein $dt \int q_n \, dS$;

2. durch innere Wärmequellen, im ganzen $dt \int w \, d\tau$, wo w die pro Kubikzentimeter erzeugte Wärme, $d\tau$ ein Volumelement von B ist.

Ist also c die spezifische Wärme, ϱ die Dichte, u die Temperatur, so muß sein

$$dt \cdot \int c \varrho \, d\tau \cdot \frac{\partial u}{\partial t} = dt \cdot \int w \, d\tau + dt \int q_n \, dS$$

oder

$$\int c \varrho \cdot \frac{\partial u}{\partial t} \cdot d\tau = \int w \, d\tau + \int q_n \, dS. \quad \ldots \ldots (10)$$

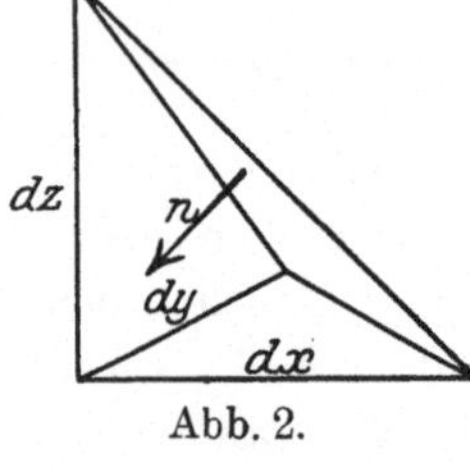

Abb. 2.

Sei 1. B ein unendlich kleines Tetraeder von den Kanten dx, dy, dz mit der Schlußfläche f (Abb. 2). Sind f_x, f_y, f_z bzw. die Flächen senkrecht zu den rechtwinkligen Koordinatenachsen x, y, z, so ist, wenn n die nach dem Innern des Tetraeders gerichtete Normale von f bedeutet,

$$f_x = - f_n \cdot \cos(n, x); \quad f_y = - f_n \cdot \cos(n, y); \quad f_z = - f_n \cdot \cos(n, z) \quad (11)$$

und Gl. (10) lautet

$$d\tau \cdot c \varrho \cdot \frac{\partial u}{\partial t}$$

$$= w \, d\tau + q_n f_n - q_x f_n \cdot \cos(n, x) - q_y \cdot f_n \cdot \cos(n, y) - q_z \cdot f_n \cdot \cos(n, z).$$

Die Glieder in $d\tau$ sind von 3. Ordnung, die übrigen von 2. Ordnung unendlich klein. Streicht man jene, so erhält man

$$q_n = q_x \cdot \cos(n, x) + q_y \cdot \cos(n, y) + q_z \cdot \cos(n, z). \quad \ldots (12)$$

Nach dieser Gleichung ist q_n für jede Richtung n bestimmt, wenn es für drei zueinander rechtwinklige Richtungen gegeben ist. Eine Richtungsgröße i kann, da sie drei unabhängige Bestimmungsstücke enthält, immer so gewählt werden, daß

$$q_x = i \cos(i, x), \qquad q_y = i \cdot \cos(i, y), \qquad q_z = i \cdot \cos(i, z) \left.\right\}$$

also
$$i = \sqrt{q_x^2 + q_y^2 + q_z^2}. \qquad \qquad (13)$$

Daraus ergibt sich infolge von (12)

$$q_n = i \cdot \{\cos(i,x) \cdot \cos(n,x) + \cos(i,y) \cdot \cos(n,y) + \cos(i,z) \cdot \cos(n,z)\}$$

oder

$$q_n = i \cdot \cos(n,i) \quad \ldots \ldots \ldots \quad (14)$$

Für die Richtung von i hat q_n seinen größten Wert. i nennen wir die Intensität des Wärmestromes oder die Wärmestromdichte und die Richtung von i die Richtung des Wärmestromes.

2. B ist ein Elementarparallelepiped von den Kanten dx, dy, dz. Hierfür liefert die Gl. 10)

$$c\varrho \cdot d\tau \cdot \frac{\partial u}{\partial t} = w\, d\tau + q_x\, dy\, dz - \left(q_x + \frac{\partial q_x}{\partial x}\, dx\right) dy\, dz + q_y\, dz\, dx$$

$$- \left(q_y + \frac{\partial q_y}{\partial y}\, dy\right) dz\, dx + q_z\, dx\, dy - \left(q_z + \frac{\partial q_z}{\partial z}\, dz\right) dx\, dy$$

oder

$$c\varrho \cdot \frac{\partial u}{\partial t} = w - \left(\frac{\partial q_x}{\partial x} + \frac{\partial q_y}{\partial y} + \frac{\partial q_z}{\partial z}\right) \quad \ldots \ldots \quad (15)$$

6. Hypothese von Fourier. Differentialgleichung für die Temperatur bei der Wärmeleitung. Nach Fourier ist in isotropen Medien die Richtung des Wärmestromes in einem Punkt senkrecht zu der durch diesen Punkt gelegten isothermen Fläche[1]) und seine Intensität

$$i = -k \cdot \frac{\partial u}{\partial n}, \quad \ldots \ldots \ldots \quad (16)$$

wo n die in Richtung abnehmender Temperatur gezogene Normale der isothermen Fläche bedeutet.
i hat also die Richtung abnehmender Temperatur.

k, das Wärmeleitungsvermögen der Substanz, ist im allgemeinen von der Temperatur abhängig.

Seien (Abb. 3) A und B zwei unendlich nahe benachbarte isotherme Flächen, A höher als B temperiert, ab senkrecht zu A, ist dann die Richtung des Wärmestroms, ac sei die Richtung der $+x$-Achse.

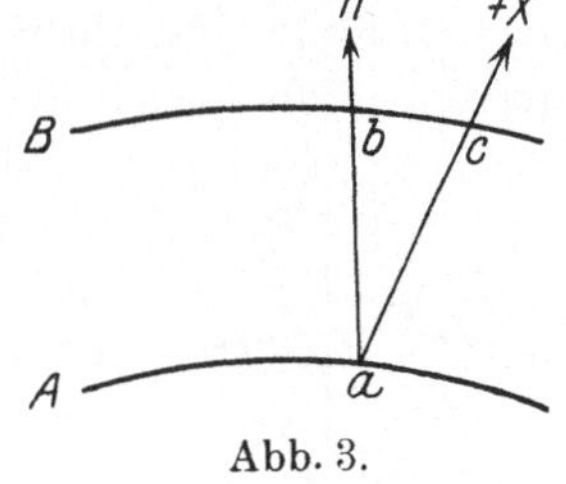

Abb. 3.

---

[1]) D. h. Fläche gleicher Temperatur.

Nach (13) ist

$$q_x = i\cos(i,x) = i\cos(n,x) = -k\cdot\frac{\partial u}{\partial n}\cdot\cos(n,x)$$

$$\frac{\dfrac{\partial u}{\partial x}}{\dfrac{\partial u}{\partial n}} = \frac{\partial n}{\partial x} = \frac{ab}{ac} = \frac{ac\cdot\cos(n,x)}{ac} = \cos(n,x),$$

daher

$$q_x = -k\cdot\frac{\partial u}{\partial n}\cdot\frac{\partial n}{\partial x} = -k\cdot\frac{\partial u}{\partial x} \quad\ldots\ldots (17)$$

Damit wird

$$c\varrho\frac{\partial u}{\partial t} = w + \frac{\partial}{\partial x}\left(k\frac{\partial u}{\partial x}\right) + \frac{\partial}{\partial y}\left(k\frac{\partial u}{\partial y}\right) + \frac{\partial}{\partial z}\left(k\frac{\partial u}{\partial z}\right) \quad . (18)$$

Ist k unabhängig von der Temperatur

$$c\varrho\frac{\partial u}{\partial t} = w + k\cdot\Delta u; \quad \Delta u = \frac{\partial^2 u}{\partial x^2} + \frac{\partial^2 u}{\partial y^2} + \frac{\partial^2 u}{d z^2} \quad . . (19)$$

Wir werden Wärme immer in kalorischem Maß, nämlich in g-cal messen, dann sind die Dimensionen einer Wärmemenge $|M\cdot\theta|$, wo θ die Einheit des Temperaturgrades, die Dimensionen einer spezifischen Wärme gleich Null und es folgt aus (19)

$$|k| = \left|\frac{M}{L^3}\cdot\frac{L^2}{T}\right| = \left|\frac{M}{LT}\right| \quad\ldots\ldots (20)$$

Die Fouriersche Hypothese macht den Wärmestrom an einer Stelle abhängig von der Temperaturverteilung in unmittelbarer Nachbarschaft dieser Stelle; sie trifft in den meisten Fällen zu, nicht aber für den Wärmestrom in sehr verdünnten Gasen.

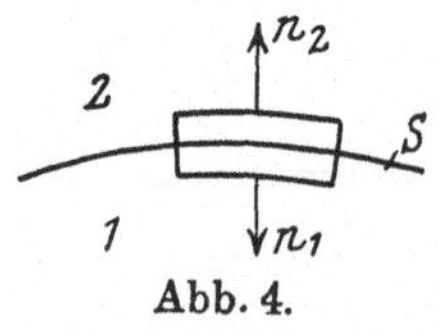

Abb. 4.

7. Bedingungen an Grenzflächen. Temperatursprungskoeffizient. An der Grenzfläche S zweier wärmeleitender Medien 1 und 2 kann die Temperatur sich sprungweise ändern; sie sei an S in 1 $\bar{u}_1$, in 2 $\bar{u}_2$ und wir setzen nach Poisson die infolgedessen von 1 nach 2 gehende Wärmemenge pro Zeit- und Flächeneinheit gleich $f\cdot(\bar{u}_1 - \bar{u}_2)$. Legt man (Abb. 4) über das

Element dS unendlich niedrige Zylinder und vernachlässigt wie in § 5 Glieder von der Ordnung $d\tau$ gegen Glieder von der Ordnung dS, so ergibt sich, wenn n_1 und n_2 bzw. die nach dem Innern von 1 und 2 gerichteten Normalen bedeuten:

$$\left.\begin{array}{l} k_1 \cdot \dfrac{\overline{\partial u_1}}{\partial n_1} = f \cdot (\overline{u_1} - \overline{u_2}) \\[2ex] -k_2 \cdot \dfrac{\overline{\partial u_2}}{\partial n_2} = f \cdot (\overline{u_1} - \overline{u_2}) \end{array}\right\} \quad \ldots \ldots \ldots (21)$$

Daraus folgt erstens

$$k_1 \cdot \frac{\overline{\partial u_1}}{\partial n_1} + k_2 \cdot \frac{\overline{\partial u_2}}{\partial n_2} = 0 \quad \ldots \ldots \ldots (22\,{}^1)$$

Setzt man ferner $k_1/f = \gamma_{12}$, so folgt aus der ersten der Gln. (21)

$$\overline{u_1} - \overline{u_2} = \gamma_{12} \cdot \frac{\overline{\partial u_1}}{\partial n_1} \quad \ldots \ldots \ldots (23)$$

Dieselbe Gleichung folgt aus der zweiten der Gln. 21), nämlich

$$\overline{u_1} - \overline{u_2} = -\frac{k_2}{f} \cdot \frac{\overline{\partial u_2}}{\partial n_2} = \frac{k_1}{f} \cdot \frac{\overline{\partial u_1}}{\partial n_1} = \gamma_{12} \cdot \frac{\overline{\partial u_1}}{\partial n_1}.$$

γ_{12} heißt der Temperatursprungskoeffizient für den Übergang von 1 nach 2. Seine Bedeutung ergibt sich aus Abb. 5. Sei dort $OA = \overline{u_1}$, $OB = \overline{u_2}$. An die Kurve, welche u_1 als Funktion von n_1 darstellt, lege man die Tangente bei A, C sei ihr Durchschnittspunkt mit der durch B parallel n_1 gezogenen Linie. Dann ist

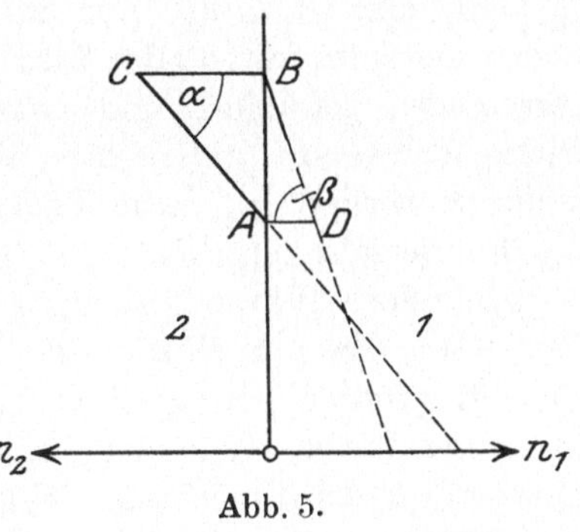

Abb. 5.

$$\operatorname{tg} \alpha = -\frac{\overline{\partial u_1}}{\partial n_1} = \frac{\overline{u_2} - \overline{u_1}}{BC},$$

---

^{1}) Die Gln. (21) und (22) gelten nicht, wenn, wie z. B. beim Peltierschen Phänomen, an der Grenzfläche Wärme entwickelt wird. Beträgt diese P für die Flächeneinheit, so steht in Gl. (22) rechterhand $-P$.

also

$$\overline{u_1} - \overline{u_2} = B C \cdot \overline{\frac{\partial u_1}{\partial n_1}} \, .$$

Durch Vergleichung mit 23) folgt

$$B C = \gamma_{12} \, ,$$

d. h. der Temperatursprungskoeffizient für den Übergang von 1 nach 2 ist die Entfernung von der Grenzfläche eines Punktes in 2, in welchem $\bar{u}_1 = \bar{u}_2$ würde, wenn der Temperaturgradient $\frac{\partial u}{\partial n_1}$ hinter der Grenzfläche in 2 denselben Wert wie an der Grenzfläche beibehielte.

Setzt man entsprechend $\dfrac{k_2}{f} = \gamma_{21} = \gamma_{12} \cdot \dfrac{k_2}{k_1}$, ... (24)

so folgt aus der zweiten der Gl. 21) $\bar{u}_2 - \bar{u}_1 = \gamma_{21} \cdot \overline{\dfrac{\partial u_2}{\partial n_2}}$, und

aus Abb. 5 $\operatorname{tg} \beta = \dfrac{\bar{u}_2 - \bar{u}_1}{A D} = \overline{\dfrac{\partial u_2}{\partial n_2}}$, also $\gamma_{21} = A D$, woraus sich nach der Abbildung die Bedeutung des Temperatursprungskoeffizienten γ_{21} für den Übergang von 2 nach 1 entsprechend der Bedeutung von γ_{12}, ergibt. In den meisten Fällen ist $\gamma_{12} = 0$, also $\bar{u}_1 = \bar{u}_2$, nur an der Grenze eines verdünnten Gases und eines festen oder flüssigen Körpers hat man γ_{12} von 0 verschieden gefunden, und zwar um so mehr, je kleiner die Dichte des Gases (vgl. § 26). Wird die Dichte des Gases zu klein, so verliert γ_{12} seine Bedeutung, wie überhaupt nach § 6 die Fouriersche Theorie.

8. **Äußere Wärmeleitung, Newtonsches Abkühlungsgesetz.** Ein fester Körper F von der Temperatur u befinde sich in einer tropfbaren oder gasförmigen Flüssigkeit, die umgeben ist von einer festen Hülle der Temperatur u_0. u_0 heißt dann die Temperatur der Umgebung. F gibt Wärme ab durch Strahlung und Wärmeleitung, diese wird befördert durch die Konvektionsströme, welche sich infolge der Schwere bilden und die an F erwärmte Flüssigkeit durch kältere ersetzen; sie können nach der Schlierenmethode sichtbar gemacht werden. Die Flüssigkeit kann auch gerührt werden. Die genannte Wärmeabgabe ist also ein sehr kompliziertes Phänomen, kann aber, wenn

$u - u_0$ sehr klein, nicht größer als einige Grade ist, für das Oberflächenelement ds von F und das Zeitelement dt gesetzt werden

$$ds \cdot dt \cdot h \, (u - u_0),$$

wo h, das sogenannte äußere Wärmeleitungsvermögen, von $u - u_0$ unabhängig ist, dagegen abhängig von u_0 [1]), der Oberflächenbeschaffenheit von F, der Natur des Mediums und der Stärke des Rührens. Es ist dann, wenn n_i die nach dem Innern der Flüssigkeit gerichtete Normale bedeutet

$$- k \cdot \frac{\overline{\partial u}}{\partial n_i} \cdot ds \, dt = h \, (\bar{u} - u_0) \, ds \, dt$$

oder $$h \, (\bar{u} - u_0) = - k \cdot \frac{\overline{\partial u}}{\partial n_i} \quad \dots \dots \dots (25)$$

Kann die Temperatur von F als gleichförmig angesehen werden, so ist, wenn C die Wärmekapazität von F bedeutet,

$$- C \cdot \frac{\partial u}{\partial t} \cdot dt = h \cdot S \cdot (u - u_0) \cdot dt$$

oder $$\frac{\partial u}{\partial t} = - a \cdot (u - u_0), \quad \dots \dots \dots (26)$$

wo a von $u - u_0$ unabhängig ist. Die Gl. (26) spricht das sogenannte Newtonsche Abkühlungsgesetz aus.

II. Der stationäre Wärmefluß.

1. Berechnung thermischer Leitungswiderstände.

9. Stationärer Wärmefluß. Die Temperatur in einem wärmeleitenden Medium ist im allgemeinen sowohl mit dem Ort wie mit der Zeit, in vielen Fällen aber, den Fällen des sogenannten stationären Wärmeflusses, nur mit dem Ort, nicht mit der Zeit veränderlich. Alsdann ist in der (Gl. 19) $\dfrac{\partial u}{\partial t} = 0$. Wir nehmen

---

[1]) Z. B. ist der Strahlungsverlust bei schwarzer Oberfläche von F und schwarzer Umgebung, wenn T, T_0 die absoluten Werte der Temperaturen u, u_0 bedeuten, pro cm² und sec $\sigma \, (T^4 - T_0^4) = \sigma \, (T_0 + u - u_0)^4 - T_0^4$ $= 4 \, \sigma \, T_0^3 \, (u - u_0)$ indem $u - u_0$ sehr klein angenommen wird.

vorläufig an, daß im Innern des Mediums keine Wärmeentwicklung stattfindet ($w = 0$) und daß k von der Temperatur unabhängig ist, dann folgt aus der Gl. (19) für das Innere des von dem wärmeleitenden Medium erfüllten Raumes τ:

$$\Delta u = 0. \qquad \ldots \ldots \ldots \ldots (27)$$

Die Integration dieser Gleichung unter den für die Oberfläche des Raumes τ gegebenen Bedingungen liefert die Temperatur u in jedem Punkt von τ.

10. Thermischer Leitungswiderstand. Es sei zunächst das Medium von zwei geschlossenen Flächen S_1 und S_2 begrenzt, welche auf den konstanten Temperaturen u_1 bzw. u_2 gehalten werden; S_2 möge S_1 umschließen. Diese Bedingungen führen auf einen von der ursprünglichen Temperaturverteilung zwischen S_1 und S_2 unabhängigen Zustand stationären Wärmeflusses, welcher streng genommen erst nach unendlich langer, praktisch aber nach einer endlichen, von verschiedenen Umständen abhängigen Zeit erreicht wird. Ist $u_1 > u_2$, so fließt dabei in der Sekunde eine gewisse Wärmemenge J_{12} von 1 nach 2, welche der Wärmestrom von 1 nach 2 genannt werde, und es ist dann nach 16)

$$J_{12} = -\int k \frac{\partial u}{\partial n_{12}} dS_1, \qquad \ldots \ldots \ldots (28)$$

wo n_{12} die gegen 2 hin gerichtete Normale von S_1 und die Integration über die Oberfläche S_1 auszudehnen ist. Nach Analogie mit dem elektrischen Leitungswiderstand definieren wir als thermischen Leitungswiderstand W zwischen 1 und 2

$$W = \frac{u_1 - u_2}{J_{12}}. \qquad \ldots \ldots \ldots (29)$$

Nur wenn k vor der Temperatur unabhängig ist, gilt (27) und hat W einen von der Temperatur unabhängigen Wert. Dies ist nie genau, im allgemeinen nur für kleine Temperaturdifferenzen $u_1 - u_2$ annähernd der Fall, daher bei Anwendung jenes Begriffes auf die Praxis Vorsicht geboten ist.

Zur Bestimmung von W für konstantes k ist u nach der Vorschrift des § 9 und daraus nach (28) J_{12} zu berechnen. Wir führen dies für drei einfache Fälle durch (s. Abb. 6).

11. Thermischer Leitungswiderstand zwischen zwei parallelen Ebenen, zwei konachsialen Zylindern und zwei konzentrischen Kugelflächen. Erstens seien S_1 und S_2 allseits unendlich ausgedehnte, also ränderlose parallele Ebenen. Wir ziehen die z-Achse senkrecht zu diesen (von 1 gegen 2 hin), dann ist aus Symmetriegründen $\dfrac{\partial u}{\partial x} = 0$, $\dfrac{\partial u}{\partial y} = 0$,[1]) also $\Delta u = \dfrac{\partial^2 u}{\partial z^2}$. Einmalige Integration liefert $\dfrac{\partial u}{\partial z} = c$, wo c eine Konstante. Diese Gleichung gewinnt man kürzer durch die Bemerkung, daß wegen des stationären Zustandes eine durch zwei zu S_1 parallele Ebenen (in Abb. 6 gestrichelt gezeichnet) begrenzte Schicht keinen Wärmezuwachs erfahren darf, $- k \cdot \dfrac{\partial u}{\partial z}$, also auch $\dfrac{\partial u}{\partial z}$ muß hierfür an beiden Ebenen den gleichen Wert c haben. Nochmalige Integration liefert $u = cz + c'$. Wir legen den Anfang der z in S_1 und setzen den Abstand zwischen S_1 und S_2 gleich d. Dann ist $u_1 = c'$, $u_2 = cd + c'$, $u_1 - u_2 = - cd$, $c = - (u_1 - u_2)/d$, und da $\left(\dfrac{\partial u}{\partial z}\right)_1 = \dfrac{\partial u}{\partial z} = c$, für eine Fläche f der Schicht

$$J_{12} = - k \cdot c \cdot f = kf(u_1 - u_2)/d \quad \text{und} \quad W = d/kf.$$

Zweitens seien S_1 und S_2 unendlich lange konachsiale Kreiszylinder von den Radien r_1 und r_2. Aus Symmetriegründen hängt hier u nur von der Entfernung r von der Achse ab. Wird diese zur z-Achse gewählt, so ist $\dfrac{\partial u}{\partial z} = 0$, ferner

$$r^2 = x^2 + y^2, \qquad \frac{\partial u}{\partial x} = \frac{\partial u}{\partial r}\frac{\partial r}{\partial x} = \frac{\partial u}{\partial r} \cdot \frac{x}{r},$$

$$\frac{\partial^2 u}{\partial x^2} = \frac{x}{r} \cdot \frac{\partial^2 u}{\partial r^2} \cdot \frac{x}{r} + \frac{\partial u}{\partial r} \cdot \frac{r - x \cdot x/r}{r}.$$

$\dfrac{\partial^2 u}{\partial y^2}$ erhält man, indem man x mit y vertauscht. So ergibt sich

$$\frac{\partial^2 u}{\partial x^2} + \frac{\partial^2 u}{\partial y^2} = \Delta u = \frac{\partial^2 u}{\partial r^2} + \frac{1}{r} \cdot \frac{\partial u}{\partial r} = \frac{1}{r} \cdot \frac{\partial}{\partial r}\left(r \frac{\partial u}{\partial r}\right) \quad \text{und durch ein-}$$

---

[1]) Wären Ränder vorhanden, so würden diese Gleichungen nur in größerer Entfernung von den Rändern merklich richtig sein.

malige Integration von $\varDelta u = 0$ $\;r \cdot \dfrac{\partial u}{\partial r} = c$, was kürzer, entsprechend der Entwicklung unter 1., aus der Bemerkung hervorgeht, daß durch zwei konachsiale Zylinderflächen dieselbe Wärmemenge hindurchgehen muß, d. h. $-k\dfrac{\partial u}{\partial r} \cdot 2\,r\,\pi = \text{konst.}$

oder $r\dfrac{\partial u}{\partial r} = c$. Nochmalige Integration liefert $u = c \log_e r + c'$,

$u_1 - u_2 = c \log_e \dfrac{r_1}{r_2}$, $\;c = (u_1 - u_2)/\log_e r_1/r_2$ und der Wärmestrom für einen Länge l der Schicht wird

$$J_{12} = -\,2\,\pi\,r_1 \cdot k \left(\frac{\partial u}{\partial r}\right)_1 \cdot l = -\,2\,\pi\,k\,l \cdot \left(r\frac{\partial u}{\partial r}\right)_1 = -\,2\,\pi\,k\,l\,c.$$

Also
$$W = \frac{\log_e \dfrac{r_2}{r_1}}{2\,\pi\,k\,l}.$$

Drittens seien S_1 und S_2 konzentrische Kugelflächen von den Radien r_1 und r_2. Aus Symmetriegründen hängt hier u nur von der Zentraldistanz r ab, wo $r^2 = x^2 + y^2 + z^2$, wenn der Koordinatenanfang in den gemeinschaftlichen Mittelpunkt gelegt wird. Mit Hilfe des unter 2. gefundenen Wertes von $\dfrac{\partial^2 u}{\partial x^2}$, aus welchem $\dfrac{\partial^2 u}{\partial y^2}$ und $\dfrac{\partial^2 u}{\partial z^2}$ durch Vertauschung von x mit y und z hervorgehen, erhält man hier, entsprechend wie unter 2. verfahrend, $\varDelta u = \dfrac{\partial^2 u}{\partial r^2} + \dfrac{2}{r} \cdot \dfrac{\partial u}{\partial r} = \dfrac{\partial}{r^2\partial r}\left(r^2\dfrac{\partial u}{\partial r}\right)$ und die einmalige Integration von $\varDelta u = 0$ liefert $r^2\dfrac{\partial u}{\partial r} = c$, was kürzer aus der Bemerkung hervorgeht, daß eine durch konzentrische Kugelflächen begrenzte Schicht keinen Wärmezuwachs erleiden darf, also $-k\dfrac{\partial u}{\partial r} \cdot 4\,r^2\pi = \text{konst.}$ oder $r^2\dfrac{\partial u}{\partial r} = c$. Nochmalige Integration liefert $u = -\dfrac{c}{r} + c'$, woraus wie unter 2.:

$$c = (u_1 - u_2)\,r_1\,r_2/(r_1 - r_2),$$
$$J_{12} = -\,4\,\pi\,r_1{}^2 \cdot k \left(\frac{\partial u}{\partial r}\right)_1 = -\,4\,\pi\,k \cdot \left(r^2\frac{\partial u}{\partial r}\right)_l = -\,4\,\pi\,k\,c$$

und
$$W = \frac{1}{4\pi k}\cdot\frac{r_2-r_1}{r_1 r_2}.$$

Diese Ergebnisse sind hierunter übersichtlich zusammengestellt.

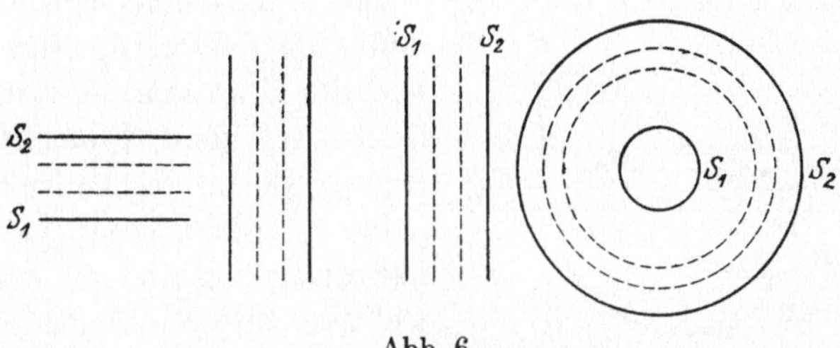

Abb. 6.

		$r^2 = x^2+y^2$	$r^2 = x^2+y^2+z^2$
Δu	$\dfrac{\partial^2 u}{\partial z^2}$	$\dfrac{\partial^2 u}{\partial r^2}+\dfrac{1}{r}\dfrac{\partial u}{\partial r}=\dfrac{\partial}{r\,\partial r}\left(r\dfrac{\partial u}{\partial r}\right)$	$\dfrac{\partial^2 u}{\partial r^2}+\dfrac{2}{r}\dfrac{\partial u}{\partial r}=\dfrac{\partial}{r^2\partial r}\left(r^2\dfrac{\partial u}{\partial r}\right)$ (30)
c	$\dfrac{\partial u}{\partial z}$	$r\dfrac{\partial u}{\partial r}$	$r^2\dfrac{\partial u}{\partial r}$
u	$cz+c'$	$c\log_e r + c'$	$-\dfrac{c}{r}+c'$
J_{12}	$c\cdot -kf$	$c\cdot -2\pi k l$	$c\cdot -4\pi k$
	$=(u_1-u_2)\cdot\dfrac{kf}{d}$	$(u_1-u_2)\dfrac{2\pi k l}{\log_e\frac{r_2}{r_1}}$	$(u_1-u_2)\dfrac{4\pi k r_1 r_2}{r_2-r_1}$ (31)
W	$\dfrac{1}{k}\cdot\dfrac{d}{f}$	$\dfrac{1}{k}\cdot\dfrac{\log_e\frac{r_2}{r_1}}{2\pi l}$	$\dfrac{1}{k}\cdot\dfrac{r_2-r_1}{r_1 r_2}\cdot\dfrac{1}{4\pi}$ (32)
	für eine Fläche f	für eine Länge l	

12. Eindeutigkeit der Temperaturbestimmung. Es wäre denkbar, daß eine andere Betrachtungsweise als die gewählte zu anderen Werten von u geführt hätte, d. h. daß u durch die gegebenen Bedingungen ($\Delta u = 0$ innerhalb τ, u gleich u_1 auf S_1, gleich u_2 auf S_2) nicht eindeutig bestimmt wäre. Wir wollen im folgenden beweisen, daß es nur einen Wert von u gibt, welcher im Innern von τ Δu zu Null macht und an den Oberflächen von τ gegebene Werte annimmt.

Hilfssatz. Wir betrachten das Integral

$$\int d\tau \cdot \left(\frac{\partial F}{\partial x}\right)^2 = \int\int dy\,dz \int dx \left(\frac{\partial F}{\partial x}\right)^2$$

ausgedehnt über den von einer Fläche S umschlossenen Raum τ, innerhalb dessen F, eine Funktion der Koordinaten, stetig verläuft. Auf dem Element $dy\,dz$ der yz-Ebene denke man sich (Abb. 7) einen der x-Achse parallelen Zylinder errichtet, welcher aus S Elemente dS_1 und dS_2 ausschneidet. Die Integration nach x ist dann in der

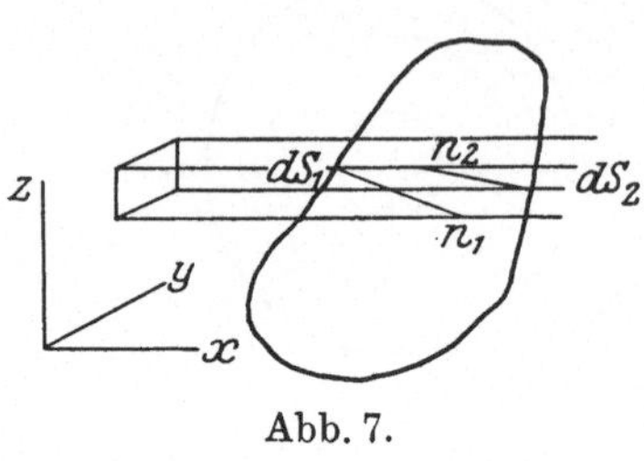

Abb. 7.

vorstehenden Gleichung bei konstantem y und z von 1 nach 2 zu nehmen. Es ist ferner, wenn n die nach dem Innern von τ gerichtete Normale bedeutet,

$$dy\,dz = dS_1 \cos(n_1, x) = \div dS_2 \cos(n_2, x).$$

Dies berücksichtigend findet man durch Integration nach Teilen

$$\int\int dy\,dz \int dx \cdot \frac{\partial F}{\partial x} \cdot \frac{\partial F}{\partial x} = \int\int dy\,dz \cdot \left\{ \left|\frac{\partial F}{\partial x} \cdot F\right|^2 - \int dx \cdot F \cdot \frac{\partial^2 F}{\partial x^2} \right\}$$

$$= -\int dS_2 \cos(n_2, x) \cdot F \frac{\partial F}{\partial x} - \int dS_1 \cos(n_1, x) \cdot F \frac{\partial F}{\partial x} - \int d\tau \cdot F \frac{\partial^2 F}{\partial x^2}.$$

Die Integrationen sind über alle Elemente dS_1 bzw. über alle Elemente dS_2 auszudehnen, welche Elemente zusammen die ganze Oberfläche S umfassen. Daher ist

$$\int d\tau \cdot \left(\frac{\partial F}{\partial x}\right)^2 = -\int dS \cdot F \frac{\partial F}{\partial x} \cos(n, x) - \int d\tau \cdot F \frac{\partial^2 F}{\partial x^2}.$$

Bildet man nach den Koordinaten weitergehend die entsprechenden Gleichungen für y und z, addiert alle drei Gleichungen und bedenkt, daß

$$\frac{\partial F}{\partial x} \cos(n, x) + \frac{\partial F}{\partial y} \cos(n, y) + \frac{\partial F}{\partial z} \cos(n, z) = \frac{\partial F}{\partial n},$$

indem $\cos(n, x) = \partial x / \partial n$ ist, so erhält man

$$\int d\tau \left[\left(\frac{\partial F}{\partial x}\right)^2 + \left(\frac{\partial F}{\partial y}\right)^2 + \left(\frac{\partial F}{\partial z}\right)^2 \right] = -\int ds \cdot F \frac{\partial F}{\partial n} - \int d\tau \cdot F \cdot \varDelta F. \quad (33)$$

Diese Gleichung gilt auch, wenn sie auf den außerhalb der Fläche S liegenden unendlichen Raum bezogen wird, vorausgesetzt, daß F im Unendlichen verschwindet; bei der Intergration nach x treten z. B. als Grenzen auf $-\infty$ bis 1 und 2 bis $+\infty$. Ebenso überzeugt man sich leicht davon, daß sie auch für den Raum τ zwischen den Flächen S_1 und S_2 (§ 10) gilt.

Angenommen nun, es gäbe zwei Werte u' und u'' von u, welche im Innern des Raumes τ $\varDelta u$ zu Null machen und an der Oberfläche von τ gegebene Werte annehmen; v sei ihre Differenz $u' - u''$. Setzt man in der Gl. (33) F gleich v, so verschwindet die rechte Seite, damit auch die linke, welche die Summe von lauter positiven Gliedern ist. Es muß also überall

sein $\dfrac{\partial v}{\partial x} = \dfrac{\partial v}{\partial y} = \dfrac{\partial v}{\partial z} = 0$, d. h. v konstant, daher gleich 0, weil

es an der Oberfläche gleich Null ist. Mithin ist $u' = u''$, was zu beweisen war.

13. Punktförmige Wärmequellen innerhalb einer geschlossenen Oberfläche. Als zweiten Fall betrachten wir den stationären Wärmefluß, welcher sich nach genügend langer Zeit herstellt, wenn innerhalb einer geschlossenen Fläche S, und nur dort, sich punktförmige Wärmequellen $Q', Q'' \ldots$ befinden und im unendlichen u verschwindet. Wir legen um jede der punktförmigen Wärmequellen als Mittelpunkt eine Kugel mit einem kleinen Radius, welche die von ihr umschlossene Quelle von dem Raum τ ausschließt. Dann ist überall innerhalb τ $\varDelta u = 0$. Als Oberflächenbedingung ergibt sich als Folge des stationären Wärmeflusses, daß durch die Oberfläche jeder der Kugeln die Wärmemenge hindurchgehen muß, welche in derselben Zeit von der von der Kugel umschlossenen Wärmequelle geliefert wird; andernfalls würde der von der Kugel umschlossene Raum einen positiven oder negativen Wärmezuwachs erleiden.

Der Gleichung $\varDelta u = 0$ wird genügt durch den Ausdruck

$$u = \frac{A'}{r'} + \frac{A''}{r''} + \ldots,$$

wo $r', r'' \ldots$ die Entfernungen des Punktes x, y, z von den Quellen $Q', Q'', \ldots$ bedeuten und A', A'' Konstanten sind. Es ist nämlich

$$r'^2 = (x - x')^2 + (y - y')^2 + (z - z')^2,$$

woraus $\dfrac{\partial r'}{\partial x} = \dfrac{x - x'}{r'}$, ferner $\dfrac{\partial \frac{1}{r'}}{\partial x} = -\dfrac{1}{r'^2} \cdot \dfrac{\partial r'}{\partial x} = \dfrac{x' - x}{r'^3}$;

$$\frac{\partial^2 \frac{1}{r'}}{\partial x^2} = \frac{- r'^3 - (x' - x) \cdot 3\, r'^2 \cdot (x - x') / r'}{r'^2} = \frac{- r'^3 + 3\, r' (x - x')^2}{r^2}$$

und zwei entsprechende Gleichungen für die Differentialquotienten nach y und z. Die Addition der drei Gleichungen liefert

$$\varDelta \left(\frac{1}{r'} \right) = 0 . \qquad\qquad (34)$$

Zur Bestimmung von A' setzen wir die Oberflächenbedingung für die Q' umschließende Kugel an. Das Oberflächenelement dieser Kugel ist $r'^2\, d\omega$, wenn $d\omega$ seine Kegelöffnung bezüglich des Kugelmittelpunktes bedeutet, und man erhält, wenn Q' in der Sekunde die Wärmemenge J' liefert,

$$J' = \int k\, d\omega \cdot r'^2 \left(\frac{A'}{r'^2} + \frac{A''}{r''^2} \cdot \frac{\partial r''}{\partial r'} + \dots \right).$$

Nimmt man darin den Halbmesser der Kugel, also r' unendlich klein, so reduziert sich die Gleichung auf $J' = 4\pi k A'$ oder $A' = J'/4\pi k$ und man findet

$$u = \frac{1}{4\,\pi\,k} \cdot \left(\frac{J'}{r'} + \frac{J''}{r''} + \dots \right) \qquad\qquad (35)$$

Für eine gegebene Verteilung der Wärmequellen $Q', Q'', \dots$ kann man nun die Temperatur u auf zwei $Q', Q'', \dots$ umschließenden isothermen Flächen S_1 und S_2 mittels der Gl. (35) berechnen, und der thermische Widerstand W zwischen 1 und 2 ergibt sich dann aus (29), indem $J_{12} = \sum J'$ ist.

14. Eine punktförmige Wärmequelle. Thermischer Leitungswiderstand zwischen zwei konzentrischen Kugelflächen. Für eine punktförmige Quelle von der Intensität J' ist nach (35) $u = \dfrac{1}{4\,\pi\,k} \cdot \dfrac{J'}{r'}$, die Isothermen sind die Kugeln $r' = \text{konst.}$, der Widerstand zwischen zwei Kugelflächen von den Radien r_1

und r_2 $(r_2 > r_1)$ wird $W = \dfrac{1}{4\,\pi k}\left(\dfrac{1}{r_1} - \dfrac{1}{r_2}\right)$ wie bereits in § 11 Gl. (32) gefunden.

15. Lineare Wärmequelle von gleichförmiger Stärke. Thermischer Leitungswiderstand zwischen zwei konfokalen verlängerten Rotationsellipsoiden. Wir nehmen zweitens eine lineare Wärmequelle[1] AB (Abb. 8) von der Länge $2e$ und von gleichförmiger Stärke an, deren Elemente $d\xi$ in der Sekunde die Wärmemenge $i\,d\xi$ liefern. Die x-Achse legen wir in die Linie, den Anfang der Koordinaten in ihren Mittelpunkt, die Ebene der Zeichnung sei die xy-Ebene,

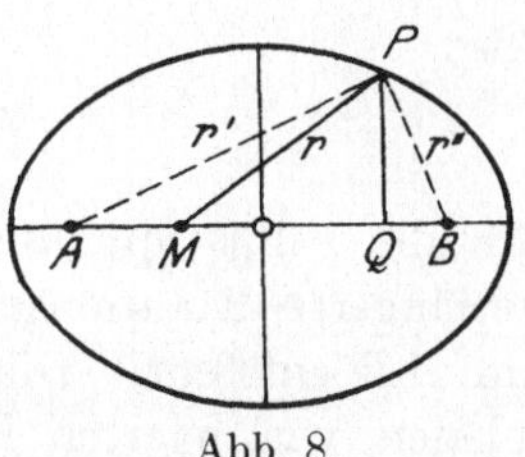

Abb. 8.

x, y die Koordinaten eines Punktes P, ξ das x eines Punktes M der Linie, r der Abstand $M_r P$, also $r^2 = (x - \xi)^2 + y^2$, $r\,dr = (\xi - x)\,d\xi$.

Nach (35) ist

$$u = \frac{1}{4\,\pi k} \cdot \int\limits_{-e}^{+e} \frac{i\,d\xi}{r}.$$

Wir setzen eine neue Variable $\mu = \xi + r$, also

$$d\mu = d\xi + dr = d\xi\left(1 + \frac{\xi - x}{r}\right),$$

$$\frac{d\xi}{r} = \frac{d\mu}{1 + \dfrac{\xi - x}{r}} \cdot \frac{1}{r} = \frac{d\mu}{r + \xi - x} = \frac{d\mu}{\mu - x}.$$

Mithin

$$u = \frac{i}{4\,\pi k} \cdot \int\limits_{r' - e}^{r'' + e} \frac{d\mu}{\mu - x} = \frac{i}{4\,\pi k} \cdot \log_e \frac{r'' + e - x}{r' - e - x},$$

wo $r' = AP$, $r'' = BP$. Man lege nun durch P eine Ellipse, deren Brennpunkte A und B sind. Es ist

$$r'^{\,2} = y^2 + (e + x)^2, \qquad r''^{\,2} = y^2 + (e - x)^2,$$

$$r'^{\,2} - r''^{\,2} = 4\,ex = (r' + r'')\,(r' - r'') = 2\,a \cdot (r' - r''),$$

---

[1] D. h. unendlich viele punktförmige Wärmequellen, die sich stetig aneinander schließen.

wo $2a$ die große Achse der Ellipse. Also $r' - r'' = 4\,ex/2\,a$ und, da $r' + r'' = 2\,a$, $r' = a + ex/a$, $r'' = a - ex/a$. Mit diesen Werten wird

$$\frac{r'' + e - x}{r' - e - x} = \frac{a - ex/a + e - x}{a + ex/a - e - x} = \frac{(a + e)(1 - x/a)}{(a - e)(1 - x/a)} = \frac{a + e}{a - e}.$$

Also

$$u = \frac{i}{4\,\pi\,k} \cdot \log_e \frac{a + e}{a - e}. \quad \ldots \ldots (36)$$

für alle Ellipsenpunkte und nach der Symmetrie auch für das verlängerte Rotationsellipsoid, das durch Rotation der Ellipse um AB entsteht. Die isothermen Flächen sind also die konfokalen verlängerten Rotationsellipsoide, welche A und B zu Brennpunkten haben. Für zwei solche Ellipsoide 1 und 2 wird

$$u_1 = \frac{i}{4\,\pi\,k}\,\log_e \frac{a_1 + e}{a_1 - e}; \quad u_2 = \frac{i}{4\,\pi\,k} \cdot \log_e \frac{a_2 + e}{a_2 - e}$$

und da

$$J_{12} = \int_{-e}^{+e} i\,d\xi = 2\,ei,$$

so ist der thermische Widerstand zwischen ihnen

$$W = \frac{u_1 - u_2}{J_{12}} = \frac{1}{8\,\pi\,k\,e} \log_e \left(\frac{a_1 + e}{a_1 - e} \cdot \frac{a_2 - e}{a_2 + e}\right). \quad \ldots \ldots (37)$$

Für konfokale Ellipsen ist

$$a_1{}^2 - b_1{}^2 = a_2{}^2 - b_2{}^2 \quad \text{oder} \quad a_2{}^2 - a_1{}^2 = b_2{}^2 - b_1{}^2 = \gamma,$$

also deren Gleichung

$$\frac{x^2}{a_1{}^2 + \gamma} + \frac{y^2}{b_1{}^2 + \gamma} = 1 \quad \ldots \ldots \ldots (38)$$

Da

$$\frac{a_2 - a_1}{b_2 - b_1} = \frac{b_2 + b_1}{a_2 + a_1} < 1,$$

so ist $a_2 - a_1 < b_2 - b_1$, wird γ größer und größer, so nähern sich die Ellipsoide Kugeln vom Radius $\sqrt{\gamma}$.

16. Thermischer Leitungswiderstand zwischen einem Drahtstück und einer dasselbe umgebenden großen Kugeloberfläche um seinen Mittelpunkt. Es möge nun das Ellipsoid 1 so schmal sein, daß es einem Draht vom Halbmesser r und von der Länge l gleich geachtet werden kann, und es möge dabei r^2/l^2 als unendlich klein betrachtet werden. Dann ist

$$2\,a_1 = l, \quad b_1 = r,$$

$$e^2 = a_1{}^2 - b_1{}^2 = (1/4)\cdot l^2 - r^2 = (1/4)\,l^2 \cdot \left(1 - \frac{4\,r^2}{l^2}\right),$$

daraus

$$e = \frac{1}{2}\,l\left(1 - 2\,\frac{r^2}{l^2}\right), \quad a_1 + e = l - \frac{r^2}{l} = l, \quad a_1 - e = \frac{r^2}{l},$$

$$\frac{a_1 + e}{a_1 - e} = \frac{l^2}{r^2}.$$

Setzen wir ferner $a_2 = n\cdot e$, so wird

$$W = \frac{1}{2\,\pi\,k\,l}\left(\log_e\frac{l}{r} - \frac{1}{2}\log_e\frac{n+1}{n-1}\right) \quad \ldots \ldots \quad (38\,\text{a})$$

Für $n = 4$ ist

$$a_2 = 4\,e, \quad b_2{}^2 = a_2{}^2 - e^2 = 15\,e^2, \quad \frac{b_2}{a_2} = \sqrt{\frac{15}{16}} = 0{,}968.$$

Dieses Ellipsoid ist also nur wenig verschieden von einer Kugel, deren Durchmesser $2\,a_2 = 8\,e = 4\,l$ der 4fachen Drahtlänge gleich kommt. Hierfür wird

$$W = \frac{1}{2\,\pi\,k\,l}\left(\log_e\frac{l}{r} - 0{,}255\right). \quad \ldots \ldots \quad (39)$$

Anstatt $0{,}255$ erhält man für $n = 5$ $0{,}203$, für $n = 6$ $0{,}168$. Ist $l = 100$ mm, $r = 0{,}1$ mm, so wird $\log_e\dfrac{l}{r} = 6{,}903$, für solch langen dünnen Draht macht also die Vergrößerung der Isotherme 2 nicht viel aus.

Für einen Draht von 100 mm Länge findet man die Klammergröße der Gl. (39) bei 0,1 mm Radius gleich 6,65 bei 0,01 mm Radius 8,96. Mit abnehmender Drahtdicke oder Drahtoberfläche steigt also der thermische Widerstand bei dünnen Drähten sehr langsam an.

Zu einer ähnlichen Formel gelangt man, wenn an die Stelle des Drahtes ein sehr dünner und schmaler rechteckiger Streifen gesetzt wird (§ 20).

17. Thermischer Leitungswiderstand und elektrostatische Kapazität, elektrische Analogien zum stationären Wärmefluß. Eine geschlossene metallische Oberfläche S_1 sei von einer zweiten S_2 umgeben, S_1 und S_2 befinden sich

1. in einem wärmeleitenden Medium von dem temperaturunabhängigen Wärmeleitungsvermögen k und werden auf konstanten Temperaturen u_1, u_2 gehalten,

2. in einem metallischen Leiter von dem Ohmschen Leitungsvermögen $\varkappa$ und werden auf konstanten Potentialen u_1, u_2 gehalten,

3. in einem Dielektrikum von der Dielektrizitätskonstante 1 und werden auf konstanten Potentialen u_1, u_2 gehalten.

In allen drei Fällen genügt u zwischen S_1 und S_2 der Differentialgleichung $\Delta u = 0$, in allen 3 Fällen ergibt sich daher für u der gleiche Wert, nämlich diejenige Funktion der Koordinaten, welche zwischen S_1 und S_2 Δu zu Null macht und an den Oberflächen S_1 und S_2 die gegebenen Werte u_1 und u_2 annimmt. Im Fall 1 ist

$$J_{12} = - k \cdot \int \left(\frac{\partial u}{\partial n_{12}}\right) dS_1 ,$$

wo n_{12} die von 1 gegen 2 gerichtete Normale von S_1 bedeutet und das Integral über S_1 zu nehmen ist, ferner

$$W = \frac{u_1 - u_2}{J_{12}} .$$

Im Fall 2 geben diese beiden Gleichungen bzw. den von 1 nach 2 gerichteten konstanten elektrischen Strom und den elektrischen Leitungswiderstand zwischen 1 und 2 an, wenn statt des Wärmeleitungsvermögens k das elektrische Leitungsvermögen $\varkappa$ gesetzt wird.

Im Fall 3 ist die elektrische Ladung von S_1 bei Benutzung von elektrostatischem Maß

$$e_1 = - \frac{1}{4\pi} \cdot \int \left(\frac{\partial u}{\partial n_{12}}\right) dS_1 .$$

Daher kann man die Gleichungen für den Fall 1 schreiben

$$J_{12} = k \cdot 4\pi e_1 ,$$

$$W = \frac{u_1 - u_2}{4\pi k e_1} .$$

e_1 ist die Ladung des aus S_1 und S_2 gebildeten Kondensators, also

$$e_1 = C\,(u_1 - u_2),$$

wo C dessen Kapazität in elektrostatischem Maß bedeutet und man kann auch setzen

$$W = \frac{1}{4\,\pi\,k\,C}. \quad\cdots\cdots\cdots (40)$$

Im folgenden wird nach dieser Methode der thermische Leitungswiderstand zwischen zwei konfokalen dreiachsigen Ellipsoiden berechnet[1]).

18. Aus der Geometrie des Ellipsoids, ähnliche und konfokale Ellipsoide. Zunächst werde an einige Sätze aus der Geometrie des Ellipsoids erinnert. In der Mittelpunktsgleichung des Ellipsoids von den Halbachsen a_1, b_1, c_1 werde immer $a_1 > b_1 > c_1$ angenommen.

Das vom Mittelpunkt auf die Tangentialebene in $x,\, y,\, z$ herabgelasene Lot hat die Länge

$$\left.\begin{array}{c} p = \dfrac{1}{\sqrt{\dfrac{x^2}{a_1^{\,4}} + \dfrac{y^2}{b_1^{\,4}} + \dfrac{z^2}{c_1^{\,4}}}} \\[4ex] l = \dfrac{p\,x}{a_1^{\,2}}, \quad m = \dfrac{p\,y}{b_1^{\,2}}, \quad n = \dfrac{p\,z}{c_1^{\,2}}. \end{array}\right\} \quad\cdots\cdots (41)$$

und die Richtungskosinus

Die Gleichung eines dem Ellipsoid 1 ähnlichen Ellipsoids lautet

$$\frac{x^2}{a_1^{\,2}\,(1 + \delta)^2} + \frac{y^2}{b_1^{\,2}\,(1 + \delta)^2} + \frac{z^2}{c_1^{\,2}\,(1 + \delta)^2} = 1 \quad\cdots (42)$$

Ist es 1 unendlich nahe und hat die Halbachsen $a_1 + d\,a_1, \ldots$, so ist

$$a_1 + d\,a_1 = a_1\,(1 + \delta), \quad d\,a_1 = a_1 \cdot \delta \quad\cdots\cdots (43)$$

Die Gleichung eines mit dem Ellipsoid 1 konfokalen Ellipsoids lautet

$$\frac{x^2}{a_1^{\,2} + \gamma} + \frac{y^2}{b_1^{\,2} + \gamma} + \frac{z^2}{c_1^{\,2} + \gamma} = 1 \quad\cdots\cdots (44)$$

---

[1]) § 19 nach W. Thomson, Cambridge Math. Journ., auch Reprint of papers on electricity and magnetism. London 1872, S. 7 ff.

Ist es dem Ellipsoid 1 unendlich nahe und hat es die Halbachsen $a_1 + da_1, \ldots$, so ist

$$(a_1 + da_1)^2 = a_1{}^2 + \gamma, \qquad da_1 = \frac{\gamma}{2\,a_1} \quad \ldots \ldots (45)$$

In dem Punkt x, y, z des Ellipsoids 1 werde die gegen das umschließende unendlich nahe Ellipsoid gerichtete Normale gezogen, sie schneidet das letztere im Punkt $x + l\cdot\varepsilon$, $y + m\cdot\varepsilon$, $z + n\cdot\varepsilon$, wo l, m, n die durch (41) gegebenen Richtungskosinus der Normalen sind und ε den auf der Normalen gemessenen Abstand zwischen dem inneren und äußeren Ellipsoid bedeutet.

Ist das äußere Ellipsoid dem inneren ähnlich, so ist

$$\frac{(x + l\cdot\varepsilon)^2}{a_1{}^2(1 + \delta)^2} + \cdots + \cdots = 1,$$

oder da ε und δ unendlich klein sind, mit Berücksichtigung von (41) und (43)

$$\varepsilon = p\cdot\delta = p\cdot\frac{da_1}{a_1} \quad \ldots \ldots \ldots (46)$$

Ist das äußere Ellipsoid dem inneren konfokal, so ist

$$\frac{(x + l\,\varepsilon)^2}{a_1{}^2 + \gamma} + \cdots + \cdots = 1,$$

oder da ε und γ unendlich klein sind, mit Berücksichtigung von (41) und (45)

$$\varepsilon = \frac{\gamma}{2\,p} = \frac{a_1\,da_1}{p} \quad \ldots \ldots \ldots (47)$$

Die Entfernung zwischen den unendlich nahen Ellipsoiden ist also, wenn sie ähnlich sind, mit p direkt, wenn sie konfokal sind, mit p umgekehrt proportional.

19. Elektrostatische Kapazität und thermischer Leitungswiderstand zwischen einem dreiachsigen Ellipsoid und einem dasselbe umgebenden konfokalen Ellipsoid. Ein Ellipsoid a_1, b_1, c_1 werde mit e geladen. Gesucht die Anordnung der Ladung (Flächendichte σ) sowie das Potential auf dem Ellipsoid und außerhalb desselben.

1. Eine elektrische Ladung von gleichförmiger Raumdichte ϱ in dem von zwei unendlich nahen ähnlichen Ellipsoiden begrenzten Raum übt auf den Raum innerhalb des inneren Ellip-

soids keine elektrische Kraft aus. Denn von einer durch einen
beliebigen Punkt M (Abb. 9) gezogenen Linie schneiden die
beiden Ellipsoide beiderseits gleiche
Stücke ab und $a'b'$ aus, da wegen
der Ähnlichkeit der Ellipsoide ein
Durchmesser des einen auch Durchmesser des anderen ist. Deshalb
schneidet ein unendlich schmaler
Kegel durch M aus der Schicht
beiderseits Raumelemente aus, die
sich wie r^2 verhalten (r Abstand
der Raumelemente von M) und sich

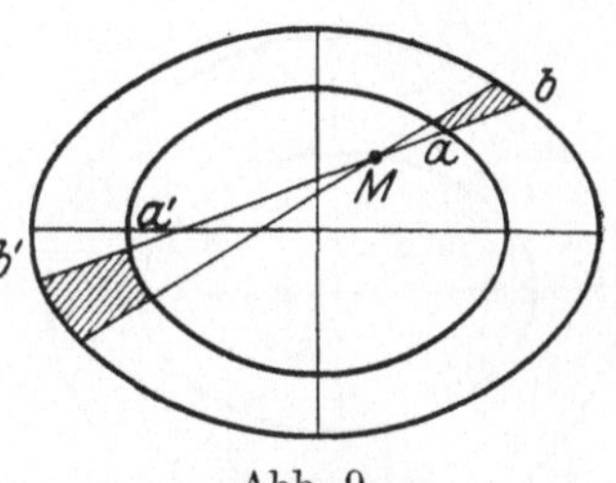

Abb. 9.

infolgedessen in ihrer Wirkung auf M aufheben. Da endlich
die ganze Schicht in solche Raumelementenpaare zerlegt werden
kann, so übt sie auf M keine Wirkung aus. Es ist also im
Innern keine elektrische Feldstärke, d. h. konstantes Potential
vorhanden, ebenso — da das Potential stetig verläuft — auf
der Oberfläche des inneren Ellipsoids, und die Schicht, in Richtung der jeweiligen Normalen auf das innere Ellipsoid ge-
schoben, gibt die Gleichgewichsverteilung der Ladung e. Dabei
entsteht eine Oberflächendichte σ, für welche $\sigma\,dS = \varrho \cdot \varepsilon\,dS$,
oder $\sigma = \varepsilon \cdot \varrho = p \cdot \delta \cdot \varrho$ (Gl. 46)). Zur Bestimmung von ϱ führt
die Beziehung

$$\frac{4}{3}\,a_1\,b_1\,c_1\,(1+\delta)^3\,\pi\varrho - \frac{4}{3}\,a_1\,b_1\,c_1\,\pi\varrho = e \quad \text{oder} \quad \delta \cdot \varrho = \frac{e}{4\,\pi\,a_1\,b_1\,c_1}$$

und

$$\sigma = p \cdot \frac{e}{4\,\pi\,a_1\,b_1\,c_1} \quad . \ . \ . \ . \ . \ . \ . \ . \ .(48)$$

2. Es ist nun

$$\left(\frac{du}{dn}\right)_1 = -\,4\,\pi\,\sigma,$$

wo n die nach außen gerichtete Normale bedeutet. Geht man
also von allen Punkten des inneren mit e geladenen Ellipsoids
um solche Strecken dn_1 nach außen, daß du den gleichen Wert
erlangt, so ist hierfür

$$dn_1 = -\,\frac{du}{4\,\pi\,\sigma} = -\,du \cdot \frac{a_1\,b_1\,c_1}{p \cdot e},$$

und da nach diesem Ergebnis jene Strecken sich umgekehrt wie p verhalten, so ist die unendlich nahe Niveaufläche des Potentials nach (47) ein mit dem inneren konfokales Ellipsoid (Abb. 10); macht man endlich

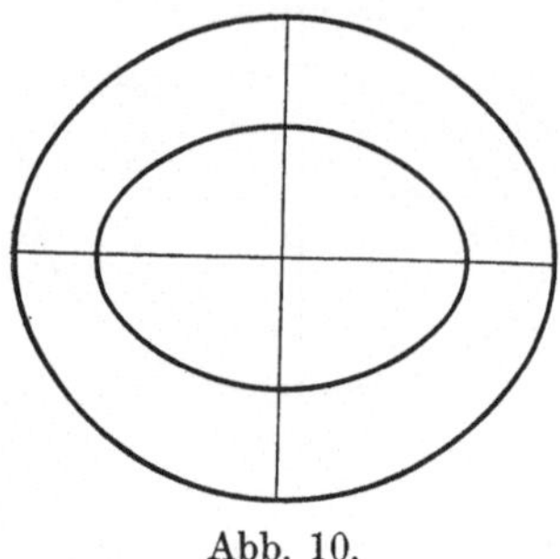

Abb. 10.

$$- d u \cdot \frac{b_1 c_1}{e} = d a_1, \quad . \quad . \ (49)$$

so ist nach (47) die entsprechende unendlich nahe Niveaufläche das konfokale Ellipsoid von der Halbachse $a_1 + d a_1$.

Belegt man diese Niveaufläche mit einer Ladung e' im Gleichgewicht und macht e' so groß, daß diese Ladung auf ihr das Potential $u_1 + d u$ erzeugt, so kann man dem inneren mit e zum Potential u_1 geladenen Ellipsoid die so belegte Niveaufläche $a_1 + d a_1$ substituieren, ohne an dem Potential draußen etwas zu ändern. Dabei muß $e' = e$ sein, denn kehrt man das Zeichen der Ladung des inneren Ellipsoids um, so heben sich seine Wirkung zusammen mit der des äußeren auf, es sind im äußeren Raum keine Kraftlinien vorhanden und, da das System nach außen die Kraftlinienzahl $4 \pi (e' - e)$ entsendet, so ist $e' = e$. Aus diesen Betrachtungen geht hervor, indem man immer wieder zu unendlich nahen Niveauflächen übergehen kann, daß alle Niveauflächen dem inneren mit e geladenen Ellipsoid a_1, b_1, c_1 konfokal sind, und daß man für irgendeine Niveaufläche hat

$$\frac{d u}{d a} = \div \frac{e}{b \cdot c}, \quad \ldots \quad \ldots \quad \ldots \ (50)$$

wo nun a, b, c die Halbachsen irgendeiner Niveaufläche bedeuten.

3. Indem man b und c mittels der Beziehungen

$$a^2 - a_1{}^2 = b^2 - b_1{}^2 = c^2 - c_1{}^2 \quad \ldots \quad \ldots \ (51)$$

eliminiert und

$$\left. \begin{array}{l} f = + \sqrt{a_1{}^2 - b_1{}^2} \\ g = + \sqrt{a_1{}^2 - c_1{}^2} \end{array} \right\} \quad \ldots \quad \ldots \quad \ldots \ (52)$$

setzt, erhält man

$$\frac{\partial u}{\partial a} = \div \frac{e}{\sqrt{(a^2 - f^2)(a^2 - g^2)}}$$

und

$$u = e \cdot \int\limits_a^\infty \frac{da}{\sqrt{(a^2 - f^2)(a^2 - g^2)}}, \quad \ldots \ldots (53)$$

da für $a = \infty$ u verschwindet.

Um dieses elliptische Integral 1. Gattung auf die Normalform zu reduzieren, setzen wir

$$a = \frac{g}{\sin\varphi}, \qquad a_1 = \frac{g}{\sin\varphi_1}, \qquad \frac{f}{g} = k, \quad \ldots (54)$$

wo $k < 1$, wodurch sich ergibt

$$u = \frac{e}{g} \cdot \int\limits_0^{\varphi=\arcsin\frac{g}{a}} \frac{d\varphi}{\sqrt{1 - k^2 \cdot \sin^2\varphi}} = \frac{e}{g} \cdot F(\varphi, k) \quad \ldots (55)$$

Die Kapazität eines aus dem Ellipsoid a_1, b_1, c_1 und dem beliebigen konfokalen Ellipsoid a, b, c gebildeten Kondensators ist

$$C = \frac{e}{u_1 - u} = \frac{g}{F(\varphi_1, k) - F(\varphi, k)}, \quad \ldots \ldots (56)$$

mithin nach 40) der thermische Widerstand zwischen den beiden konfokalen Ellipsoiden

$$W = \frac{F(\varphi_1, k) - F(\varphi, k)}{4\,\pi\,k\,g}$$

wo

$$g = \sqrt{a_1^2 - c_1^2}, \qquad k = \sqrt{\frac{1 - \dfrac{b_1^2}{a_1^2}}{1 - \dfrac{c_1^2}{a_1^2}}} \quad \Bigg\} \quad \ldots (57)$$

20. Thermischer Leitungswiderstand zwischen einem rechteckigen Streifen und einer großen um seinen Mittelpunkt beschriebenen Kugeloberfläche. Ist das innere Ellipsoid eine elliptische Scheibe von den Halbachsen a_1, b_1, so ist $c_1 = 0$,

$$g = a_1, \quad k = \sqrt{1 - \left(\frac{b_1}{a_1}\right)^2}, \quad \varphi_1 = \frac{\pi}{2}, \quad \varphi = \arcsin\frac{a_1}{a}.$$

Ist diese Scheibe sehr lang und schmal, so kann sie angenähert einem rechteckigen Streifen von der Breite $h = 2\,b_1$ und
Länge $l = 2\,a_1$ gleich geachtet werden, wobei $k = \sqrt{1 - \left(\frac{h}{l}\right)^2}$.

Wenn, wie wir annehmen wollen, $\frac{h}{l}$ sehr klein ist, wird k
von 1 wenig verschieden, und in diesem Fall ist

$$F\left(\frac{\pi}{2}, k\right) = \frac{1}{\log e} \cdot \log \frac{4}{\sqrt{1 - k^2}} + \delta,$$

wo

$$\delta < \frac{1}{k^2} \cdot \sqrt{1 - k^2},$$

oder, wenn für k der obige Wert gesetzt wird,

$$F\left(\frac{\pi}{2}, k\right) = \frac{1}{\log e} \cdot \log \frac{4\,l}{h} + \delta$$

$$\delta < \frac{h}{l} \cdot \frac{1}{\sqrt{1 - \left(\frac{h}{l}\right)^2}}$$

Mittels dieser Angaben überzeugt man sich, daß die Vernachlässigung von δ einen Fehler kleiner als 2,7 bzw. 1,1 $^0/_0$ herbeiführt, je nachdem $\frac{h}{l}$ gleich 0,1 oder 0,05 ist. Indem wir
δ vernachlässigen, ergibt sich

$$W = \frac{1}{2\,\pi\,k\,l}\left\{\frac{1}{\log e} \cdot \log \frac{4\,l}{h} - F\left(\arcsin\frac{1}{2}\frac{l}{a}, \sqrt{1 - \left(\frac{h}{l}\right)^2}\right)\right\} \quad (58)$$

der thermische Widerstand zwischen dem rechteckigen Streifen
h, l und dem Ellipsoid a, b, c.

Setzen wir $a = a_1 \cdot n = \frac{1}{2}\,l \cdot n$, so wird nach 57)

$$b = \frac{1}{2}\,l \cdot \sqrt{n^2 - 1 + \left(\frac{h}{l}\right)^2}$$

$$c = \frac{1}{2}\,l \cdot \sqrt{n^2 - 1}.$$

Sei z. B. $n = 4$, so wird das Ellipsoid a, b, c schon wenig verschieden von einer Kugel vom Halbmesser $2\,l$, indem $\sqrt{15} = 3{,}87$. Dabei wird die Amplitude $\operatorname{arc\,sin} \frac{1}{2}\frac{l}{a}$ des unvollständigen elliptischen Integrals in (58) gleich $\operatorname{arc\,sin} {}^{1}/_{4} = 14\,{}^{1}/_{2}{}^{0}$; der Modul k ist $\sqrt{1 - \left(\frac{h}{l}\right)^{2}}$ und nach den Tafeln für das elliptische Integral 1. Gattung (s. z. B. Funktionentafeln von E. Jahncke und F. Emde, S. 58 B. G. Teubner 1909,) $F = 0{,}255$ für jeden Wert von $\frac{h}{l}$, der für die Anwendung der Theorie klein genug ist[1]). Somit erhält man

$$W = \frac{1}{2\,\pi k\,l}\left\{\frac{1}{\log e}\cdot\log\frac{4\,l}{h} - 0{,}255\right\}\ \ \ldots\ldots(59)$$

für den thermischen Widerstand zwischen einem schmalen rechteckigen Streifen von der Breite h und der Länge l und einer um den Streifenmittelpunkt gelegten Kugel von einem Halbmesser gleich der doppelten Streifenlänge.

2. Anwendungen der Theorie des stationären Wärmeflusses.

21. Bestimmung des Wärmeleitungsvermögens durch Messung thermischer Leitungswiderstände. Um den stationären Wärmefluß zwischen isothermen Flächen zur Bestimmung des Wärmeleitungsvermögens k zu verwenden, bestimmt man experimentell den thermischen Leitungswiderstand nach Gl. (29) für einen Fall, in welchem er theoretisch berechenbar ist. Diese Methode wird neuerdings in der Technik auf Wärmeisolierstoffe, also Körper von kleinem k angewandt, welche oft pulverförmig oder zopfig, also Gemische von fester Substanz und Luft, aber im allgemeinen durch k bezüglich der Wärmeleitung genügend charakterisiert sind.

---

[1]) In den Tabellen ist $\sin \alpha = k$ gesetzt, man findet

h/l	k	α
0,2	0,9799	$78^{0}\ 30'$
0,1	0,995	$84^{0}\ 14'$
0,05	0,9988	$87^{0}\ 15'$

Nusselt[1]) benützte als isotherme Flächen konzentrische Kugeln. Die innere Kugel ist eine hohle $1\,^1/_2$ mm starke Kupferkugel von 15 cm Durchmesser, in deren Innern sich ein elektrischer Heizkörper (Glühlampe, Nickelindrat) befindet. Der Wärmestrom J_{12} ist gleich der elektrischen Stromleistung in g-kal/sec, also $I \cdot V/4{,}184$, wo I den Strom in Ampere, V die Spannung in Volt an den Enden des Heizkörpers bedeutet. Die äußere Kugelfläche ist eine Zinkkugel von 60 bis 70 cm Durchmesser. Diese ist zweiteilig, zuerst wird die obere Hälfte abgenommen, die Kupferkugel mittels Drähten in der Zinkkugel justiert, in die untere Halbkugel das Material eingefüllt und, nachdem auf einem Radius beiderseits 4 Thermoelemente angeordnet sind, die obere Halbkugel aufgesetzt und durch eine Öffnung von oben ebenfalls mit dem Material gefüllt. $u_1 - u_2$ ergibt sich aus den in den Zentralabständen r_1 und r_2 befindlichen Thermoelementen, k entspricht dem Mittelwert der Temperaturen u_1 und u_2. Da die Temperatur von innen nach außen abnimmt, erhält man aus den verschiedenen Thermoelementen k für verschiedene Temperaturen. Der stationäre Zustand wurde je nach dem Material in 2 bis 8 Tagen erreicht. Nach Gl. (32) § 11 ist

$$W = \frac{1}{4\,\pi\,k} \cdot \frac{r_2 - r_1}{r_1\,r_2} = \frac{u_1 - u_2}{J_{12}}.$$

Z. B. ergab sich k für Asbest bei 50^0 zu $0{,}000\,425$, bei 600^0 zu $0{,}000\,567$ g/cm sec.

Ist das Material in Plattenform gegeben, so benutzt man zwei dieser Platten, zwischen denen der flache Heizkörper gelagert ist, während man an die Außenflächen wasserdurchströmte kupferne Hohlkörper legt, an diesen und an dem Heizkörper befinden sich die Thermoelemente. J_{12} ist gleich der elektrischen Leistung abzüglich der seitlichen Verluste; nach (32) ist

$$W = \frac{d}{f \cdot k}$$ mit Vernachlässigung der Randkorrektur. Diese sowie

die Korrektur der Leistung wegen seitlicher Verluste kann man vermeiden durch den von W. Thomson bei dem analogen Kondensatorproblem eingeführten Schutzring, indem man näm-

[1]) W. Nusselt: Z. V. d. I. Bd. 52, S. 906. 1908.

lich einen ringförmigen Teil der Anordnung abtrennt und diesen mit einem gesonderten Heizkörper versieht. Durch Regulierung der Heizung des Ringes muß erreicht werden, daß die einander gegenüberstehenden Mantelflächen von Platte und Ring möglichst nahe die gleiche Temperatur haben.

Auch der Fall kreiszylindrischer konachsialer Isothermen ist zu dem gleichen Zweck verwandt worden.

Bei all diesen Methoden darf man nicht vergessen, daß die Voraussetzung konstanten, von der Temperatur unabhängigen $k's$ in der Natur nur mit einem von dem Material abhängigen Grad der Annäherung erfüllt ist.

22. Temperaturdifferenz zwischen einem gegen eine kältere Umgebung strahlenden festen Körper und einem ihn umgebenden Gas. In solcher Lage befindet sich z. B. ein Körper, der in der atmosphärischen Luft in klarer Nacht gegen den kalten Weltenraum strahlt. Infolge der Strahlung sinkt die Temperatur des Körpers u_1 unter die Temperatur u_2 des Gases — welches nicht merklich strahlt — so lange, bis der Wärmegewinn durch Leitung aus dem Gase dem Wärmeverlust durch Strahlung gleich geworden ist. Dabei ist die Temperatur des Gases in der Nähe des Körpers unter u_2 gesunken, aber in größerer Entfernung, also auf einer großen Kugeloberfläche vom Radius r_2, an deren Mittelpunkt der Körper sich befindet, wird die Temperatur u_2 merklich ungeändert vorhanden sein. Bezeichnet W den thermischen Leitungswiderstand zwischen dem festen Körper und dieser Kugel, so ist der Wärmegewinn durch Leitung $\dfrac{u_2 - u_1}{W}$. Ist S die Oberfläche des Körpers und nimmt man an, daß $\dfrac{1}{m} \cdot S$ wirksam strahlt, so kann man den Wärmeverlust durch Strahlung gegen die Umgebung von der Temperatur u_0 gleich $\dfrac{1}{m} S \cdot f(u_0, u_1)$ setzen, und zur Bestimmung von $u_2 - u_1$ hat man $\dfrac{1}{m} S \cdot f(u_0, u_1) = \dfrac{u_2 - u_1}{W}$ oder

$$u_2 - u_1 = W \cdot S \cdot \frac{1}{m} \cdot f(u_1, u_0) \quad \ldots \ldots (60)$$

Ist der feste Körper eine Kugel vom Halbmesser r_1, so ist

$$S = 4\,r_1^2\,\pi, \qquad W = \frac{r_2 - r_1}{r_1\,r_2} \cdot \frac{1}{4\,\pi\,k} \quad (\S\,11,\ \text{Gl. 32)}),$$

also $W \cdot S = \dfrac{(r_2 - r_1)\,r_1}{r_2\,k}$, was mit abnehmendem r_1 sich der Null nähert.

Für einen Draht von der Länge l ist

$$S = 2\,r\,\pi\,l,$$

und nach § 16, Gl. (39)

$$W = \frac{1}{2\,\pi\,k\,l}\left(\log_e \frac{l}{r} - 0{,}255\right),$$

also

$$W \cdot S = \frac{r}{k}\left(\log_e \frac{l}{r} - 0{,}255\right).$$

Da

$$\lim\,(r\,\log_e r) = \lim\left(\frac{\log_e r}{\dfrac{1}{r}}\right) = -\frac{\infty}{\infty} = \frac{\dfrac{1}{r}}{-\dfrac{1}{r^2}} = 0,$$

so nähert sich auch hier $W \cdot S$ und damit $u_2 - u_1$ mit abnehmendem r der Null.

Eine kleine Kugel oder ein dünner Draht nehmen also, wenn sie in einer Gasmasse gegen eine kältere Umgebung strahlen, die Temperatur des Gases mit um so größerer Annäherung an, je kleiner die Kugel, je dünner der Draht.

23. Anwendung auf die Theorie des Taus und des Auerbrenners sowie auf die Temperaturbestimmung eines Gases. Durch diese Ergebnisse erklären sich manche Erfahrungen. Ein Körper betaut, wenn er sich in klarer Nacht durch Strahlung gegen den Weltenraum unter den Taupunkt abkühlt; nach Skinner[1] betauen aber die dünnen Spinnefäden nicht. Die dünnen Fäden des Auerstrumpfs nehmen trotz der Ausstrahlung sehr nahe die Temperatur der Flamme an, ebenso ein sehr dünner Platindraht, so daß man Flammentemperaturen mit guter Annäherung bestimmen kann, indem man die Temperatur

---

[1] Skinner, J.: Nature Bd. 104, S. 277. 1919.

eines solchen, in die Flamme eingeführten Platindrahts thermo-
elektrisch oder radiometrisch mißt[1]). In ähnlicher Weise bestimmte Wood[2]) die Temperatur des Glimmlichts in Geißlerschen Röhren durch die Temperaturzunahme, welchen die
Glimmentladung in einer in das Glimmlicht hineingebrachten
2 cm langen Spirale aus Platiniridiumdraht von 0,00175 cm
Radius hervorrief und welche er aus der Widerstandszunahme
berechnete. Um zu einer Schätzung darüber zu gelangen, mit
welcher Annäherung bei solchen Versuchen ein Draht die Temperatur des Gases annimmt, wollen wir einen geraden Draht
betrachten. Die Strahlung des blanken Platins ist nach Lummer und Kurlbaum[3]) proportional T^5. Der thermische Widerstand W ist zwischen dem Draht und einer isothermen Fläche
von der Temperatur des Gases anzunehmen. Wir wollen hier
in der Theorie des § 16 als den Versuchen einigermaßen entsprechend $n = 2$ setzen, damit gibt die Gl. (39)

$$W = \frac{1}{2\,\pi k l} \cdot \left(\log_e \frac{l}{r} - 0{,}55\right).$$

Sind T_1 und T_0 die absoluten Temperaturen des Drahtes und
der kälteren Umgebung, gegen welche gestrahlt wird, so fordert
das Temperaturgleichgewicht

$$2\,r\,\pi\,l \cdot \sigma' \cdot (T_1{}^5 - T_0{}^5) = \frac{(u_2 - u_1)\,2\,\pi k l}{\left(\log_e \dfrac{l}{r} - 0{,}55\right)}$$

oder

$$u_2 - u_1 = \frac{r\,\sigma'}{k} \cdot (T_1{}^5 - T_0{}^5) \cdot \left(\log_e \frac{l}{r} - 0{,}55\right).$$

Wir setzen

$$l = 10 \text{ cm}, \quad r = 0{,}00175 \text{ cm}, \quad k = 6 \cdot 10^{-5} \text{ g/cm sec}$$

und nach Lummer und Kurlbaum $\sigma' = 0{,}000158 \cdot 10^{-12}$,
womit

$$u_2 - u_1 = (T_1{}^5 - T_0{}^5) \cdot 3{,}73 \cdot 10^{-14}.$$

---

[1]) Waggener, W. J.: Wied. Ann. Bd. 58, S. 579. 1896. — Berken-
busch, F.: Wied. Ann. Bd. 67, S. 649. 1899.
[2]) Wood, R. W.: Wied. Ann. Bd. 59, S. 242, 1896.
[3]) Lummer, O. und Kurlbaum, F.: Verhandl. d. phys. Gesellschaft
1898, S. 106.

Wir wollen $T_0 = 291^0$ annehmen und die absolute Temperatur des Gases T_2 gleich 373. Setzen wir $T_1 = T_2$, so erhalten wir einen zu großen Wert für $u_2 - u_1$ und finden $0,19^0$.

24. Theorie des Bolometers. Bei der bolometrischen Methode mißt man die Temperaturerhöhung eines Metallstreifens oder Drahtes durch die mit dieser verknüpfte Zunahme des elektrischen Widerstandes. Hauptsächlich dient die Methode zu Strahlungsmessungen. Dabei werden (Abb. 11) zwei möglichst gleiche geschwärzte Platinstreifen 1 und 2 je in zwei benachbarte Zweige einer Wheatstoneschen Brückenanordnung geschaltet, 1 wird gegen Strahlung geschützt, 2 derselben ausgesetzt und dadurch erwärmt, durch die Widerstandserhöhung von 2 wird

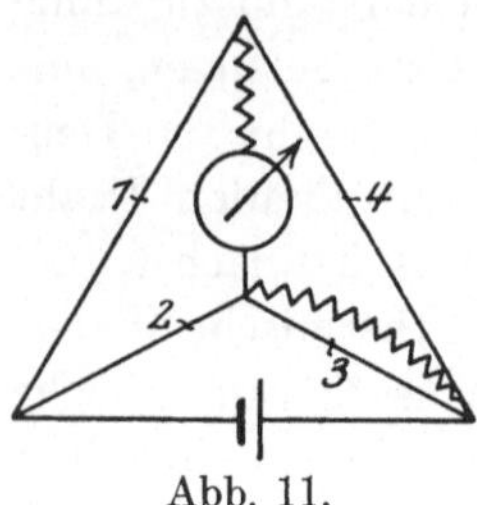
Abb. 11.

das Gleichgewicht der Brücke gestört, und das Galvanometer gibt einen Ausschlag, welcher als Maß für die Intensität der Strahlung dient[1]. Die Schwärzung, welche eine möglichst vollständige Aufnahme der Strahlung bezweckt, geschieht durch Lampenruß oder vorteilhafter durch das besser die Wärme leitende Platinschwarz[2]. Der Widerstand im Zweig 3 ist mit einem Nebenschluß versehen, welcher zur Feineinstellung der Brücke dient.

Strahlungsempfindlichkeit η heiße der Ausschlag a, welchen senkrechte Bestrahlung s mit der in Wärmemaß gemessenen Intensität 1 in dem ursprünglich stromlosen Galvanometer hervorbringt. Da die Temperaturerhöhung immer sehr klein ist, so kann man setzen

$$\eta = \frac{\partial a}{\partial s} = \frac{\partial a}{\partial u} \cdot \frac{\partial u}{\partial s} \quad \ldots \ldots \ldots (61)$$

für den Ausschlag $a = 0$.

Der durch eine bestimmte Temperaturerhöhung hervorgebrachte Ausschlag ist der EMK der Batterie und damit auch

---

[1] Genauere Ergebnisse liefert eine Kompensationsmethode (Nullmethode), beschrieben bei E. Warburg und G. Leithäuser: Z. Instrumentenk. Bd. 30, S. 119. 1910, auch Ann. Physik (4) Bd. 40, S. 629. 1913.

[2] Vorschrift dafür Lummer, O. u. Kurlbaum, F.: Verh. d. phys. Ges. 1895, S. 66. Siehe auch Kohlrausch, F.: Lehrbuch d. prakt. Physik, 14. Aufl., S. 40. 1923.

der Stromstärke I im bestrahlten Bolometerstreifen proportional, außerdem hängt er von der Brückenschaltung, dem Galvanometer und dem Temperaturkoeffizienten des Platinwiderstandes ab. Man kann daher setzen $\dfrac{\partial a}{\partial u} = A \cdot I$, wo A eine Apparatkonstante bedeutet, mithin

$$\eta = A \cdot I \cdot \frac{\partial u}{\partial s} \ \ldots \ldots \ldots \ldots (62)$$

Da der dünne Bolometerstreifen sehr schnell ins Temperaturgleichgewicht kommt, so beobachtet man immer bei diesem, u ist daher die Temperatur im Temperaturgleichgewicht, dadurch bestimmt, daß die zugeführte Wärme gleich dem Wärmeverlust V an die Umgebung für dieselbe Zeit sein muß, also, für die sec. berechnet, wenn I in Ampere, R in Ohm ausgedrückt wird,

$$0{,}239 \cdot I^2 R + \tfrac{1}{2} F \cdot s = V, \ \ldots \ldots \ldots (63)$$

wo F die Fläche des bestrahlten Bolometerstreifens, R seinen elektrischen Leitungswiderstand bedeutet.

Wenn durch Bestrahlung der Widerstand R wächst, so ändern sich die beiden Faktoren der Strombelastung $I^2 R$ in entgegengesetztem Sinn, indem mit wachsendem R I abnimmt Beide Wirkungen können sich kompensieren[1]), sind außerdem nur klein, so daß wir hier von ihnen absehen. Dann wird nach (63)

$$\tfrac{1}{2} F = \frac{\partial V}{\partial u} \cdot \frac{\partial u}{\partial s} \ \ldots \ldots \ldots \ldots (64)$$

Wir nehmen an, daß der geschwärzte Bolometerstreifen wie ein vollkommen schwarzer Körper nach dem Stefan-Boltzmannschen Gesetz strahlt, dessen Konstante

$$\sigma = 1{,}37 \cdot 10^{-12} \ \frac{\text{g - cal}}{\text{cm}^2 \ \text{sec.} \ \text{Grad}^4} \, .$$

Ferner sei W der thermische Widerstand zwischen dem Streifen

---

[1]) Warburg, E., Leithäuser, G. u. Johansen, Ed.: Ann. Physik (4) Bd. 24, S. 27. 1907.

und einer ihn umgebenden isothermen Fläche von der Temperatur u_0 der Umgebung. Alsdann ist[1])

$$V = F \cdot \sigma \cdot (T^4 - T_0{}^4) + \frac{u - u_0}{W},$$

$$\frac{\partial V}{\partial u} = \frac{1}{W} + 4\,F\sigma\,T^3 \ \ldots \ldots \ldots \ldots \ldots (65)$$

und nach (62), (64) und (65):

$$\eta = \frac{A \cdot I \cdot \frac{1}{2} F}{\dfrac{1}{W} + 4\,F\sigma\,T^3} . \ \ldots \ldots \ldots \ldots (66)$$

1. Fall kleiner Strombelastung. $u - u_0 = T - T_0$ ist sehr klein, so daß $T = T_0$ gesetzt werden kann, und

$$\eta = \frac{A \cdot I \cdot \frac{1}{2} F}{\dfrac{1}{W} + 4\,F\sigma\,T_0{}^3} . \ \ldots \ldots \ldots (67)$$

$1/W$ ist der Wärmeverlust V_L durch Leitung an die Luft, nach (59) gleich $\dfrac{2\,\pi\,k\,l}{\dfrac{1}{\log e}\log\dfrac{4\,l}{h} - 0{,}255}$, wenn auf einer um den Streifenmittelpunkt gelegten Kugel vom Halbmesser $2\,l$ die Luft die Temperatur der Umgebung hat; $4\,F\sigma\,T_0{}^3 = 8\,h\,l\,\sigma\,T_0{}^3$ ist der Wärmeverlust V_S durch Strahlung, beides für die Sekunde und die Übertemperatur 1 des Streifens. Hierunter sind für zwei wirklich ausgeführte Bolometer die Werte V_L und V_S berechnet, wobei $k = 58{,}4 \cdot 10^{-6}$ für Luft bei 18^0 gesetzt ist.

l (cm)	h (cm)	$V_L \cdot 10^6$	$V_S \cdot 10^6$	$(V_L + V_S)/V_S$	η_V/η_L
1,04	0,0195	74,70	5,48	14,6	10,3
1,02	0,0940	106,5	25,90	5,11	3,95

Diese Tabelle bringt zur Anschauung, daß mit zunehmender Breite des Streifens der Leitungsverlust nur sehr langsam wächst,

---

[1]) Hierbei ist von der inneren Wärmeleitung im Streifen abgesehen, was um so eher gestattet ist, je länger der Streifen. Über die Berücksichtigung der inneren Wärmeleitung siehe Warburg, E., Leithäuser, G. und Johansen, Ed.: Ann. Physik Bd. 24, S. 30. 1907.

während der Strahlungsverlust der Breite proportional ist (vgl. § 22). Um die Strahlungsempfindlichkeit zu steigern, kann man das Bolometer ins Vakuum setzen (Vakuumbolometer); das Vakuum sei so gut, daß der Leitungsverlust als wegfallend anzusehen ist. Nach dem obigen hat dieses Mittel um so größeren Erfolg, je schmaler der Bolometerstreifen, denn desto mehr tritt der Leitungsverlust gegen den Strahlungsverlust hervor. Bezeichnet man die Strahlungsempfindlichkeit für Luft- und Vakuumbolometer bzw. durch η_L und η_V, so wäre nach der Formel (67) $\dfrac{\eta_V}{\eta_L} = \dfrac{V_L + V_S}{V_S}$, doch kann bei den kurzen Streifen der Tabelle der Verlust durch innere Wärmeleitung im Streifen nicht vernachlässigt werden. Berücksichtigt man ihn, so erhält man für das Verhältnis η_V/η_L die Werte der letzten Kolumne, welche mit der Erfahrung hinreichend übereinstimmen[1].

2. Fall großer Strombelastung beim Vakuumbolometer. Bei Vernachlässigung der Wärmeleitung wird

$$\eta = \frac{A \cdot I}{8\,\sigma\,T^3}. \qquad\qquad (68)$$

Das Temperaturgleichgewicht verlangt

$$0{,}239\,I^2 R = F\sigma(T^4 - T_0{}^4),$$

woraus

$$T^3 = \left(\frac{I^2 R \cdot 0{,}239}{F\sigma} + T_0{}^4\right)^{\frac{3}{4}}$$

und

$$\eta = \frac{A}{8\,\sigma} \cdot \frac{I}{\left(\dfrac{I^2 R \cdot 0{,}239}{F\sigma} + T_0{}^4\right)^{\frac{3}{4}}} \qquad \cdots \quad (69)$$

Für großes I nimmt nach dieser Gleichung η mit wachsendem I ab, für eine gewisse Strombelastung[2] hat η, wie die Erfahrung

---

[1] Warburg, E., G. Leithäuser, u. Ed. Johansen: Ann. Physik (4) Bd. 24, S. 30 u. 36. 1907.

[2] Für diese ergibt 69) $0{,}239\,I^2 R = 2\,F\sigma \cdot T_0{}^4$ und $T = T_0 \cdot \sqrt[4]{3} = 1{,}32\,T_0$. Doch ist nicht zu vergessen, daß hierbei der Wärmeverlust durch Wärmeeitung im Bolometerstreifen vernachlässigt ist.

bestätigt, ein **Maximum**. Die Ursache davon ist, daß mit wachsender Strombelastung die Temperatur des Bolometerstreifens und damit dessen Wärmeverlust an die Umgebung steigt. Infolge hiervon nimmt die durch Bestrahlung hervorgebrachte Temperaturerhöhung ab. Indessen ist bei der Strombelastung, bei welcher das Vakuumbolometer maximale Empfindlichkeit zeigt, die Temperaturerhöhung beim Luftbolometer erfahrungsgemäß noch so klein, daß η mit I merklich proportional bleibt. Da nun nichts hindert, beim Luftbolometer mit der Strombelastung so weit hinaufzugehen, als mit einer ruhigen Galvanometereinstellung sich verträgt, so ist der Vorteil des Vakuumbolometers praktisch nicht so groß, als sich für kleine Belastungen ergibt. Für Streifen von 0,2 und 1 mm Breite konnte mit dem Vakuumbolometer die 4,9- bzw. 3,3 fache Empfindlichkeit von der des Luftbolometers erreicht werden.

25. Thermische Isolierung, Vakuummantelgefäß, Lufthüllen mit losen Packungen. In der Technik handelt es sich oft darum, einen Raum gegen Wärmeaustausch mit der Umgebung zu schützen, sei es daß der Raum wärmer oder kälter als die Umgebung ist. Der Wärmeaustausch erfolgt im allgemeinen durch Strahlung und Leitung, die eventuell durch Konvektion verstärkt wird; man kann ihn zwar nicht völlig ausschließen, aber klein machen, indem man den zu schützenden Raum mit einer Hülle umgibt, die hohen thermischen Leitungswiderstand besitzt und möglichst wenig Strahlung hindurchläßt. Hohen thermischen Leitungswiderstand erzielt man durch eine hohle Hülle, die man möglichst gut evakuiert. Freilich muß das Vakuum sehr gut sein, da das Wärmeleitungsvermögen der Luft bis zu kleinen Werten des Drucks von diesem unabhängig ist. Auf dieser Methode beruhen die Vakuummantelgefäße, welche hauptsächlich zur Aufbewahrung flüssiger Luft, aber auch zur Warmhaltung von Getränken dienen. Gewöhnlich fertigt man diese Gefäße aus dem schlecht die Wärme leitenden Glas und macht die Strahlung klein, indem man die Innenwände der Hülle versilbert. Metallgefäße sind haltbarer, aber weniger isolierend. Die wärmeisolierenden Hüllen der Technik gründen sich indessen meist auf das kleine Wärmeleitungsvermögen der Luft, welches bei 0^0 $0{,}000\,056\,\dfrac{\mathrm{g}}{\mathrm{cm\ sec}}$, d. h. $61/10^6$ von dem

des Kupfers beträgt. Durch lose Packungen z. B. von Eider-
daunen oder Pulvern wie Kieselgur muß man dabei die Konvektionsströme ausschalten, erzielt aber durch solche Unter-
teilung der Hülle zugleich kleinen Strahlungsaustausch. Man
denke sich nämlich die Hülle von parallelen Wänden A und B
begrenzt; sind diese schwarz, so ist der Strahlungsverlust
$W = W_0 = \sigma \cdot (T_A^4 - T_B^4)$. Wird eine schwarze Wand 1 eingeschaltet, so ist im stationären Zustand

$$W = \sigma\,(T_A^4 - T_1^4) = \sigma\,(T_1^4 - T_B^4),$$

woraus $W = \tfrac{1}{2}\,\sigma\,(T_A^4 - T_B^4) = \tfrac{1}{2}\,W_0$, ebenso für n Wände

$$W = \frac{1}{n+1} \cdot W_0.$$

Ist also n sehr groß, so wird W sehr klein.

**26. Thermischer Leitungswiderstand eines fein gekörnten
Pulvers.** Da feste Körper besser leiten als Luft, so ist im
allgemeinen der thermische Leitungswiderstand der mit Packung
versehenen Hülle kleiner als der packungslosen, mit konvektions-
frei gedachter Luft gefüllten. Doch kann er wegen des Tem-
peratursprungs (§ 7) auch größer sein. Man betrachte eine
Schicht aus Luft (1) vom Querschnitt 1 zwischen parallelen
Wänden A und B im Abstand D. Wird der Temperatursprung
an den Wänden außer acht gelassen, so ist der thermische
Leitungswiderstand zwischen A und B mit Vernachlässigung
der Randkorrektion nach § 11 Gl. (32)

$$W_0 = \frac{D}{k_1}. \qquad\dots\dots\dots\dots (70)$$

Es werde nun eine feste Platte 2 von der Dicke d und dem
Wärmeleitungsvermögen k_2 eingeschaltet. Die Richtung AB
sei die $+\,x$-Richtung, $g_1 = -\left(\dfrac{\partial u}{\partial x}\right)_1$, $\quad g_2 = g_1 \cdot \dfrac{k_1}{k_2} = -\left(\dfrac{\partial u}{\partial x}\right)_2$,
u_{AB} sei die Temperaturdifferenz zwischen A und B, $J_{AB} = k_1 g_1$
der Wärmestrom von A nach B. Für den Temperatursprung
an der Grenze von 1 und 2 hat man nach § 7 Gl. (23)

$$\bar{u}_1 - \bar{u}_2 = \gamma_{12} \cdot \left(\frac{\partial u}{\partial n}\right)_1 = -\,\gamma_{12}\left(\frac{\partial u}{\partial x}\right)_1 = g_1 \cdot \gamma_{12}.$$

Mithin

$$u_{AB} = g_1\,(D - d) + g_2 \cdot d + 2\,g_1\,\gamma_{12}$$

$$= g_1\,D\left[1 - \frac{d}{D}\left(1 - \frac{k_1}{k_2}\right) + \frac{2\,\gamma_{12}}{D}\right],$$

woraus, da $W = \dfrac{u_{AB}}{J_{AB}}$

$$\left.\begin{aligned}
W &= W_0\,(1 + \varrho)\\[2mm]
\varrho &= \frac{d}{D}\left[\frac{2\,\gamma_{12}}{d} - \left(1 - \frac{k_1}{k_2}\right)\right]
\end{aligned}\right\} \quad \ldots \ldots (71)$$

Ist also $2\,\gamma_{12} > d\left(1 - \dfrac{k_1}{k_2}\right)$, so wird der thermische Widerstand durch das Einschalten der festen Platte vergrößert; da $\dfrac{k_1}{k_2}$ gegen 1 zu vernachlässigen ist, so kann man diese Bedingung einfach schreiben $2\,\gamma_{12} > d$.

Man denke sich nun den Abstand D der Wände in n gleiche Teile von der Dicke δ geteilt, so daß $\dfrac{D}{n} = \delta$. Jeder Teil bestehe aus einer Luftschicht von der Dicke $\varepsilon\,\delta$ und einer festen Schicht von der Dicke $(1 - \varepsilon) \cdot \delta$. Es ist dann

$$u_{AB} = g_1\,n\,\varepsilon\,\delta + g_2\,n\,(1 - \varepsilon)\,\delta + n \cdot 2\,g_1\,\gamma_{12}.$$

Setzt man $g_1\,n\,\delta = g_1\,D$ heraus und teilt durch $J_{AB} = g_1\,k_1$, so entsteht

$$\left.\begin{aligned}
W &= W_0\,(1 + \varrho)\\[2mm]
\varrho &= \frac{2\,\gamma_{12}}{\delta} - (1 - \varepsilon)\left(1 - \frac{k_1}{k_2}\right)\\[4mm]
\text{oder hinreichend genau}&\\[2mm]
\varrho &= \frac{2\,\gamma_{12}}{\delta} - (1 - \varepsilon)
\end{aligned}\right\} \quad \ldots \ldots (72)$$

Für $\varepsilon = 1$, $\gamma_{12} = 0$ wird, wie es sein muß, $\varrho = 0$. Dem Fall eines satt gepackten fein gekörnten Pulvers entspricht der Fall, daß ε sehr klein gegen 1 ist. Ist dann

$$2\,\gamma_{12} > \delta,$$

so ist ϱ positiv, der thermische Widerstand größer als der der konvektionsfreien Luft.

Die hier behandelte Anordnung ist zwar mit einem Pulver keineswegs identisch, kann aber immerhin mit einem Pulver von der Körnerdicke δ verglichen werden. v. Smoluchowski machte Versuche mit Zinkstaub von der Körnerdicke 0,0062 mm. Setzen wir nun in unserer Formel $\delta = 62 \cdot 10^{-4}$ und mit v. Smoluchowski

$$\gamma_{12} = 1{,}7 \cdot 10^{-4} \frac{760}{p} \text{ mm}, \quad \ldots \ldots \ldots \quad (73)$$

wo p der Luftdruck in mm Quecksilber, so wird $2\,\gamma_{12} = \delta$, wenn $3{,}4 \cdot \dfrac{760}{p} = 62$ oder $p = 41{,}7$ mm ist. v. Smoluchowski fand in der Tat bei $p = 25$ mm den Widerstand größer als den der konvektionsfreien Luft. Technische Verwertung schwach evakuierten Pulvers scheint hiernach nicht ausgeschlossen.

Man beschäftigt sich zurzeit mit der Frage des Wärmeschutzes der Gebäude. Dicke Mauern als Wärmeschutz repräsentieren einen überflüssigen Materialverbrauch, man fährt besser, wenn man die Mauern nicht dicker macht als die Rücksicht auf Festigkeit verlangt, und den Wärmeschutz hauptsächlich in eine dünne Isolierschicht verlegt.

27. Temperaturverteilung in einem Stabe bei seitlicher Wärmeabgabe. Ein dünner Stab werde an einem Ende auf einer konstanten Temperatur gehalten, diese sei höher als die Temperatur 0° der Umgebung. Die Temperaturerhöhung verbreitet sich dann längs des Stabes, bis ein stationärer Zustand erreicht ist, bei welchem für jeden Stabteil die durch innere Wärmeleitung zugeführte Wärme der durch äußere Wärmeleitung abgeführten gleich kommt. Diesen Zustand wollen wir betrachten und dabei die Temperaturerhöhungen so klein annehmen, daß das Newtonsche Abkühlungsgesetz, also die Gl. (25) § 8 gilt. Bei dieser Untersuchung pflegt man die Temperatur innerhalb eines Querschnitts, obgleich sie nach außen hin abnimmt, konstant zu setzen und es fragt sich, inwieweit dies zulässig ist. Für einen kreisförmigen Querschnitt hat man

nach 25) $\dfrac{\partial u}{\partial r} = -\dfrac{h}{k} \cdot \bar{u}$, ist der Stab unendlich dünn, so kann man setzen $\dfrac{\partial u}{\partial r} = -\dfrac{u^0 - \bar{u}}{R}$ unabhängig von r, wo u^0 die Temperatur in der Achse und R der Halbmesser des Querschnitts ist. Es folgt daraus:

$$\frac{u^0 - \bar{u}}{\bar{u}} = \frac{u^0}{\bar{u}} - 1 = R\,\frac{h}{k} \ldots \ldots (74)$$

Es ist also $u^0 = \bar{u}$ in um so größerer Annäherung, je kleiner R, je kleiner h, je größer k.

Sei nun Q_1 ein fester, Q ein beliebiger Querschnitt. Im stationären Zustand muß die bei Q_1 in den Stabteil $Q_1 Q$ eintretende Wärme gleich sein der bei Q austretenden vermehrt um die an der Mantelfläche von $Q_1 Q$ nach außen abgegebenen. Wird die x-Achse in die Achse des Stabes gelegt, so muß demnach sein:

$$- q\,k\left(\frac{\partial u}{\partial x}\right)_1 = - q\,k\cdot\frac{\partial u}{\partial x} + \int\limits_{x_1}^{x} p\,dx\cdot h\cdot u,$$

indem der Umfang des Querschnitts gleich p gesetzt und k konstant angenommen wird. Durch Differentiation nach x ergibt sich:

$$- q\,k\,\frac{\partial^2 u}{\partial x^2} + p\,h\,u = 0$$

oder

$$\left.\begin{array}{c} \dfrac{d^2 u}{d x^2} = \beta^2\,u \\[2mm] \beta^2 = \dfrac{p\,h}{q\,k} \end{array}\right\} , \ldots \ldots \ldots (75)$$

allgemein gültig für den stationären Temperaturzustand in einem Stabe von konstantem k ohne innere Wärmequellen, wenn die Temperatur innerhalb eines Querschnittes als konstant angesehen und für die Mantelfläche das Newtonsche Abkühlungsgesetz angenommen wird.

Die lineare homogene Differentialgleichung (75) wird befriedigt durch den Wert $u = e^{\lambda x}$, wenn $\lambda^2 = \beta^2$ oder $\lambda = \pm \beta$, ihr allgemeines Integral ist also:

$$u = a\cdot e^{\beta x} + b\cdot e^{-\beta x} \ldots \ldots \ldots (76)$$

Die Konstanten a und b ergeben sich aus den Bedingungen für die Stabenden.

Wir wollen hier nur den Fall betrachten, daß das eine Stabende, für welches $x = 0$ sei, auf der konstanten Temperatur u_0 gehalten wird und infolge genügender Länge des Stabes das andere Ende nicht merklich über die Temperatur 0 der Umgebung steigt. Es muß dann für $x = \infty$ $u = 0$, also $a = 0$ sein und für $x = 0$ $u = u_0$, also $b = u_0$, und man erhält

$$u = u_0\, e^{-\beta x} \quad\ldots\ldots\ldots\ldots (77)$$

Sind u_1, u_2 die Temperaturen in x_1, x_2, $x_2 > x_1$, $x_2 - x_1 = d$, so ergibt sich aus (77)

$$\beta = \frac{\log u_1 - \log u_2}{d \log e}.$$

Will man wegen ungenügender Länge des Stabes auf Gl. (76) zurückgehen, so muß man zur Bestimmung von β drei Temperaturen messen. Hat man so experimentell β für zwei geometrisch gleiche Stäbe aus verschiedenem Material M' und M'' bestimmt, denen man außerdem die gleiche Oberflächenbeschaffenheit, also gleiches h gegeben hat, so folgt aus (75)

$$\frac{k''}{k'} = \frac{\beta'^2}{\beta''^2}.$$

Nach einer solchen Methode haben Wiedemann und Franz[1]) relative Wärmeleitungsvermögen für verschiedene Metalle bestimmt.

Sind ferner für zwei solche Stäbe d' und d'' die Abstände gleicher Temperaturen, so findet man bei Gültigkeit von (77), also bei hinreichender Länge der Stäbe

$$\frac{d'}{d''} = \sqrt{\frac{k'}{k''}}.$$

Der Abfall der Temperatur längs des Stabes rührt nur von der äußeren Wärmeleitung (h) her und wird nach Gl. (76) durch die Konstante $\beta = \sqrt{\dfrac{p\,h}{q\,k}}$ geregelt, welche, da $\dfrac{p}{q}$ proportional $\dfrac{1}{R}$ ist, mit zunehmender Dicke des Stabes abnimmt. Die

---

[1]) Wiedemann, G. und Franz, R.: Pogg. Ann. Bd. 89, S. 497. 1853.

äußere Wärmeleitung beeinflußt also die Temperatur des Stabes
um so weniger, je dicker er ist. Andererseits darf er nicht zu
dick sein, wenn die Temperatur innerhalb eines Querschnittes
merklich konstant, also die gegebene Theorie anwendbar sein soll.

3. Stationärer Zustand bei inneren Wärmequellen.

28. Allgemeine Gleichung für den stationären Zustand bei
Wärmeerzeugung im Innern des wärmeleitenden Mediums ist
nach (19) bei konstantem k　$k\,\Delta u + w = 0$. Für den Fall elektrischer Heizung, den wir zuerst betrachten wollen, ist es be-
quemer, Wärme nicht in g-cal, sondern in Joule (Wattsec) zu
messen. Das so bestimmte Wärmeleitungsvermögen heiße λ.
Da 1 g-cal $= 4{,}184$ int. Joule, so ist

$$\lambda = k \cdot 4{,}184 \qquad\Big\}$$

und wenn w in Watt gemessen w' genannt wird, $\Big\}$ . . . . (78)

$$w' = w \cdot 4{,}184 \qquad\Big\}$$

Man erhält so

$$\lambda\,\Delta u + w' = 0 \qquad \ldots \ldots \ldots (79)$$

**29. Elektrisch geheizter Stab, Messung des Verhältnisses
zwischen dem elektrischen und thermischen Leitungsvermögen
nach Kohlrausch.** Diese Gleichung wenden wir an auf einen
geraden Stab von gleichförmigem Querschnitt q, der Stab werde
von einem konstanten elektrischen Strom von der Stärke I durch-
flossen, während die beiden Enden auf der Temperatur 0 erhalten werden. Unter diesen Umständen bildet sich ein stationärer
Zustand aus, bei welchem die Stromwärme durch Wärmeleitung
zu den Enden abgeführt wird, wenn der Stab so dick ist, daß
man die äußere Wärmeleitung vernachlässigen kann; dies sei
der Fall, dabei sei h/k so klein, daß die Temperatur innerhalb
des Querschnittes merklich konstant ist (§ 27). Ebenso wie λ
soll auch das elektrische Leitungsvermögen als temperaturunabhängig angesehen werden, beides ist bei kleinen Tempe-
raturunterschieden längs des Stabes erlaubt. $1/\varkappa'$ sei der elektrische Leitungswiderstand des cm-würfels in Ohm, $\varkappa'$ also
das elektrische Leitungsvermögen in reziproken Ohm. Strom
und Spannung werden in Ampere und Ohm gemessen, die

x-Achse werde in die Stabachse gelegt. u ist unter den gemachten Annahmen nur von x abhängig, also $\Delta u = \dfrac{\partial^2 u}{\partial x^2}$.

Die Stromleistung im Element $q\,dx$ ist $-\,I\dfrac{\partial V}{\partial x}\cdot dx$ Watt, mithin $w' = -\,\dfrac{I\cdot\dfrac{\partial V}{\partial x}}{q}$. Nach dem Ohmschen Gesetz $I = -\,q\,\varkappa'\cdot\dfrac{\partial V}{\partial x}$, also $w' = \varkappa'\cdot\left(\dfrac{\partial V}{\partial x}\right)^2$ und es wird nach (79):

dazu
$$\left.\begin{aligned}\lambda\cdot\frac{\partial^2 u}{\partial x^2} + \varkappa'\cdot\left(\frac{\partial V}{\partial x}\right)^2 &= 0,\\[2mm]\frac{\partial^2 V}{\partial x^2} &= 0,\end{aligned}\right\} \quad\ldots\ldots\quad (80)$$

da $\dfrac{\partial I}{\partial x} = 0$.

u und V sind Funktionen von x, also ist auch u Funktion von V und man findet:

$$\frac{\partial u}{\partial x} = \frac{\partial u}{\partial V}\cdot\frac{\partial V}{\partial x}\,;\quad \frac{\partial^2 u}{\partial x^2} = \frac{\partial V}{\partial x}\cdot\frac{\partial^2 u}{\partial V^2}\cdot\frac{\partial V}{\partial x} + \frac{\partial u}{\partial V}\cdot\frac{\partial^2 V}{\partial x^2} = \frac{\partial^2 u}{\partial V^2}\cdot\left(\frac{\partial V}{\partial x}\right)^2,$$

also nach (80):

$$\frac{\partial^2 u}{\partial V^2} = -\,\frac{\varkappa'}{\lambda} = -\,\frac{1}{\gamma} \quad\ldots\ldots\ldots\quad (81)$$

indem $\gamma = \dfrac{\lambda}{\varkappa'} = $ dem sogenannten Leitverhältnis.

Aus (80) ergibt sich die Temperaturverteilung im Stabe. Da $\varkappa'$ als temperaturunabhängig angenommen ist, so wird $\dfrac{\partial V}{\partial x} = \dfrac{V_0}{l}$, wenn V_0 die an den Stab von der Länge l angelegte Spannung vorstellt. Mithin wird

$$\frac{\partial^2 u}{\partial x^2} = -\,\frac{1}{\gamma}\cdot\left(\frac{V_0}{l}\right)^2 = -\,m.$$

Zweimalige Integration liefert

$$u = -\,\frac{m\,x^2}{2} + c\,x + c'.$$

Wird der Anfang der x in die Stabmitte gelegt, so ist für $x = \pm \frac{1}{2} l$ $u = 0$, daraus $c = 0$, $c' = \frac{1}{8} m l^2$ und

$$u = \frac{1}{2} m \left(\frac{1}{4} l^2 - x^2 \right) \quad \ldots \ldots \quad (81\,\mathrm{a})$$

Am höchsten ist die Temperatur in der Stabmitte $(x = 0)$, und zwar wird

$$u_{\mathrm{max}} = \frac{1}{8} m l^2 = \frac{1}{8} \frac{V_0{}^2}{\gamma} \quad \ldots \ldots \ldots \quad (82)$$

Ist $\bar{u}$ die mittlere Temperatur

$$\bar{u} = \frac{1}{l} \cdot \int\limits_{-\frac{1}{2}l}^{+\frac{1}{2}l} u\,dx = \frac{1}{l} \cdot \frac{1}{2} m \cdot \left| \frac{1}{4} l^2 x - \frac{1}{3} x^3 \right|_{-\frac{1}{2}l}^{+\frac{1}{2}l} = \frac{m l^2}{12}$$

$$\bar{u} = \frac{1}{12} \cdot \frac{V_0{}^2}{\gamma} \quad \ldots \ldots \ldots \ldots \quad (83)$$

Da der Vorgang nur von dem Verhältnis der Leitungsvermögen $\gamma = \dfrac{\lambda}{\varkappa'}$ abhängt, so kann er zur Bestimmung dieses Verhältnisses benutzt werden.

1. Methode (F. Kohlrausch, Jäger und Diesselhorst[1]). Die zweimalige Integration von (81) liefert:

$$u = a + b \cdot V - \frac{1}{2\gamma} \cdot V^2.$$

Indem man diese Gleichung für drei Punkte 1, 2, 3 ansetzt, erhält man

$$u_1 = a + b V_1 - \frac{1}{2\gamma} \cdot V_1{}^2,$$

$$u_2 = a + b V_2 - \frac{1}{2\gamma} \cdot V_2{}^2,$$

$$u_3 = a + b V_3 - \frac{1}{2\gamma} \cdot V_3{}^2.$$

---

[1] Kohlrausch, F.: Ann. Physik (4) Bd. 1, S. 132. 1900; Jäger, W. und Diesselhorst, H.: Wissensch. Abh. d. Phys.-Techn. Reichsanst. Bd. 3, S. 269 bis 424. 1900. Die Methode ist von Kohlrausch angegeben, die Versuche haben Jäger und Diesselhorst ausgeführt.

Die Elimination von a und b aus diesen drei Gleichungen führt auf eine Gleichung, die γ als Funktion der u und V gibt. Am einfachsten wählt man $u_1 = u_3$ und legt 2 so zwischen 1 und 3, daß

$$V_1 - V_2 = V_2 - V_3 = v,$$

woraus

$$V_2 = \frac{V_1 + V_3}{2}.$$

Es wird dann

$$u_2 - \frac{u_1 + u_3}{2} = (u) = b\left(V_2 - \frac{V_1 + V_3}{2}\right) - \frac{1}{2\gamma}\left(V_2^2 - \frac{V_1^2 + V_3^2}{2}\right)$$

$$= \frac{1}{2\gamma}\left(\frac{V_1^2 - V_2^2}{2} + \frac{V_3^2 - V_2^2}{2}\right)$$

$$= \frac{1}{4\gamma}\left((V_1 - V_2)(V_1 + V_2) + (V_3 - V_2)(V_3 + V_2)\right)$$

$$= \frac{1}{4\gamma}\, v\,(V_1 + V_2 - (V_2 + V_3)) = \frac{1}{2\gamma}\cdot v^2.$$

Also

$$\left.\begin{aligned}\gamma &= \frac{1}{2}\cdot\frac{v^2}{(u)}, \\ v &= V_1 - V_2 = V_2 - V_3, \qquad (u) = u_2 - \frac{u_1 + u_3}{2}\end{aligned}\right\} \quad . \quad (84)$$

V wird nach der Kompensationsmethode, die u werden durch Thermoelemente bestimmt, deren eine Lötstelle in feine, im Stabe angebrachte Bohrungen eingeführt ist.

Ein von **Jäger** und **Diesselhorst** zu solchen Versuchen benutzter Kupferstab hatte eine Länge von 27 cm, einen Durchmesser von 1 cm und bei 18^0 einen spezifischen Widerstand $1/\varkappa'$ von $10^{-4}/57{,}2$, also einen Widerstand $l/q\varkappa'$ von $0{,}601\cdot10^{-4}\ \Omega$. Für eine angelegte Spannung von 0,01 Volt wird $I = 0{,}01\cdot10^4/0{,}601 = 166{,}4$ Ampere. Die Methode erfordert also sehr große Stromstärken. Es ergab sich für 18^0 C $\gamma = \lambda/\varkappa' = 671\cdot10^{-8}$, daraus

$$\lambda = 671\cdot10^{-8}\cdot\varkappa' \quad \text{und} \quad k_{18^0} = \lambda/4{,}184 = 0{,}917\ \frac{\text{g}}{\text{cm sec}}.$$

2. Methode (Diesselhorst, Meißner)[1]. Es ist der Widerstand des Stabes bei 0^0 $R_0 = l/q\varkappa_0$, bei Stromdurchgang

$$R = \int\limits_{-\frac{1}{2}l}^{+\frac{1}{2}l} \cdot \frac{dx}{q\varkappa_0}(1 + \alpha u) = R_0 \cdot \frac{1}{l}\int\limits_{-\frac{1}{2}l}^{+\frac{1}{2}l}(1 + \alpha u)\,dx = R_0(1 + \alpha \cdot \bar{u}).$$

$\dfrac{R}{R_0} - 1 = \alpha \cdot \bar{u}$ ist nach Gl. 83) $= \alpha \cdot V_0^2/12\gamma$, woraus

$$\gamma = \frac{\alpha}{12} \cdot V_0^2 \cdot \frac{R_0}{R - R_0} \quad \cdot \quad \cdot \quad \cdot \quad \cdot \quad \cdot \quad \cdot \quad (85)$$

Die Methode kommt offenbar hinaus auf die Bestimmung der Mitteltemperatur $\bar{u}$ aus der durch den elektrischen Strom hervorgerufenen Widerstandszunahme und dem Temperaturkoeffizienten α des Widerstandes. Indem Meißner Stäbchen von 1 bis 3 mm Durchmesser und 60 bis 70 mm Länge benutzte, hat er nach dieser Methode γ bei sehr tiefen Temperaturen gemessen, bei welchen nur kleine Räume zur Verfügung stehen.

Über die merkwürdigen Tatsachen, welche die Leitung reiner Metalle betreffen, ist in meinem Lehrbuch der Experimentalphysik berichtet[2].

30. Temperatur des Gases in Geißlerschen Röhren[3]. Das in Geißlerschen Röhren leuchtende Gas ist durch die Stromwärme auf erhöhte Temperatur gebracht, bei zeitlich konstantem Strom, den man durch Anlegen passender Hochspannung erzielen kann, ist der Temperaturzustand stationär, wobei die ganze Stromwärme durch Leitung und Strahlung abgeführt werden muß. Nach Ångström[4] beträgt für Stickstoff bei 1 mm Druck die Strahlung 3 bis 6% der Stromarbeit, bei höherem Druck weniger; wenn man, wie wir es tun wollen, die Strahlung vernachlässigt, so erhält man zu hohe Temperaturen. Die Berechnung der Temperatur scheint möglich und

---

[1]) Diesselhorst, H.: Z. Instrumentenk. Bd. 22, S. 115. 1902: Angabe der Methode. Meißner, W.: Ann. Physik (4) Bd. 47, S. 1001. 1915: Versuche zwischen 20^0 und 373^0 abs.

[2]) 19./20. Aufl., S. 393, § 745.

[3]) Warburg, E.: Wied. Ann. Bd. 54, S. 266. 1895.

[4]) Ångström, K.: Abh. Kgl. Ges. d. Wissensch. zu Upsala 1892.

soll hier ausgeführt werden für einen Teil einer längeren ungeschichteten, gleichförmig leuchtenden Lichtsäule, welcher den
Enden der Säule nicht zu nahe liegt. Für einen solchen Teil
kommt nur Wärmeleitung in radialer Richtung in Betracht,
auch werden wir annehmen, daß in ihm die elektrische Stromarbeit da, wo sie geleistet wird, in Wärme sich umsetzt. Es
ist, wenn die Stromdichte innerhalb eines Querschnittes konstant angenommen wird,

$$w = - \frac{I \cdot \frac{\partial V}{\partial x} \cdot d x}{q \, d x \cdot 4{,}184} = - \, 0{,}239 \cdot \frac{I \cdot \frac{\partial V}{\partial x}}{r_1{}^2 \pi}, \; \ldots \; (86)$$

wenn r_1 den inneren Röhrenhalbmesser bedeutet, und I in
Ampere, V in Volt ausgedrückt wird. Die Wärme, welche in
einem zylindrischen um die Röhrenachse gelegten Teil vom
Halbmesser r und von der Länge 1 in der Sekunde entwickelt
wird, ist $r^2 \pi \cdot w$ und muß durch Leitung in radialer Richtung
abgeführt werden, daher

$$r^2 \pi \cdot w = - \, 2 \, r \, \pi \, k \cdot \frac{\partial u}{\partial r}$$

oder

$$\frac{\partial u}{\partial r} = - \frac{w \cdot r}{2 \, k} \cdot \; \ldots \ldots \ldots \ldots \; (87)$$

Das Wärmeleitungsvermögen k des Gases ist zwar mit der
Temperatur ziemlich stark veränderlich, soll aber hier als temperaturunabhängig angesehen und mit einem Mittelwert in
Rechnung gesetzt werden. Die Integration von (87) liefert
dann: $u = - \frac{w}{4 \, k} r^2 + C$, und wenn u_1 die Temperatur an der
inneren Röhrenwand $(r = r_1)$:

$$u = u_1 + \frac{w}{4 \, k} \left(r_1{}^2 - r^2 \right). \; \ldots \ldots \; (88)$$

Die Temperatur nimmt von der Achse $(r = 0)$, wo sie am
höchsten ist, nach außen hin ab; es ist

$$u_{\mathrm{max}} = u_1 + \frac{w}{4 \, k} \cdot r_1{}^2, \; \ldots \ldots \ldots \; (89)$$

ferner ist die mittlere Temperatur im Querschnitt

$$\bar{u} = \frac{1}{r_1{}^2 \pi} \cdot \int_0^{r_1} 2\,r\pi u\,dr = \frac{2}{r_1{}^2}\left|\frac{u_1 r_1{}^2}{2} + \frac{w}{4k}\left(\frac{r_1{}^2 r^2}{2} - \frac{r^4}{4}\right)\right|_0^{r_1} = u_1 + \frac{w}{8k}\cdot r_1{}^2. \quad (90)$$

Zur Bestimmung von u_1 ziehen wir in Betracht, daß die ganze im Gase entwickelte Wärme durch Leitung im Glase abgeführt werden muß, daß also im Glase sein muß $r_1{}^2 \pi w = -2\,r\pi k' \dfrac{\partial u}{\partial r}$, wo k' das Wärmeleitungsvermögen des Glases ist, oder $\partial u = -\dfrac{r_1{}^2 w}{2 k'}\dfrac{\partial r}{r}$. Die Integration liefert, wenn die Temperatur an der äußeren Glaswand $(r = r_2)$ gleich 0 gesetzt wird, $u = \dfrac{r_1{}^2 w}{2\,k' \log e} \log \dfrac{r_2}{r}$, also

$$u_1 = \frac{r_1{}^2 w}{2\,k' \log e} \cdot \log \frac{r_2}{r_1}. \quad\ldots\ldots\ldots (91)$$

Wir wenden diese Theorie auf einen Versuch von Herz[1]) mit Stickstoff von 3 mm Druck an. Hierfür ist in g/cm sec $k = 0{,}000057\,(1 + 0{,}00253\,t)$, wir bringen $k_{30} = 0{,}000061$ in Rechnung. Ferner $k' = 0{,}00163$. Bei dem Versuch von Herz war $2\,r_1 = 1{,}5$ cm, $2\,r_2 = 1{,}7$ cm, der Gradient $-\dfrac{\partial V}{\partial x}$ in der positiven ungeschichteten Säule $76{,}1\,\dfrac{\text{Volt}}{\text{cm}}$.

Endlich $I = 0{,}0012$ Amp. Mit diesen Werten wird

$$w = 0{,}0123\,\frac{\text{g-cal}}{\text{cm}^3 \text{sec}}, \quad u_1 = 0^0\,27, \quad u_{\max} = u_1 + 28^0{,}3,$$

$$\bar{u} = u_1 + 14^0{,}2.$$

Die höchste Temperatur des leuchtenden Gases liegt also tiefer als 30^0, das Leuchten des Gases ist ein allaktines, wie schon E. Wiedemann und Hittorf angeben. Die Theorie wurde bestätigt durch Versuche von Wood[2]).

---

[1]) Herz, A.: Wied. Ann. Bd. 54, S. 244. 1895.
[2]) Wood, R. W.: Wied. Ann. Bd. 59, S. 238. 1896.

III. Zeitlich veränderliche Zustände.

1. Das Medium ist einseitig begrenzt.

31. Eindringen der Temperaturänderungen an der Erdoberfläche in das Erdinnere. Die Erdoberfläche erfährt durch die Sonnenstrahlung eine Wärmezufuhr, welche periodisch wechselt, einerseits im Laufe eines Tages, andererseits im Laufe eines Jahres. Es handelt sich darum, die hieraus hervorgehenden periodischen Temperaturänderungen unter der Erdoberfläche zu berechnen, wobei man diese als eben, ferner die Temperatur als Funktion der Zeit t und der Tiefe z unter der Erdoberfläche ansehen kann. Für temperaturunabhängiges k gilt dann nach (19) die Gleichung

$$\frac{\partial u}{\partial t} = a^2 \cdot \frac{\partial^2 u}{\partial z^2}; \quad a^2 = \frac{k}{\varrho\, c} \quad \dots \dots \dots \quad (92)$$

Die Größe a^2 heißt das Temperaturleitungsvermögen, weil von ihr die Schnelligkeit abhängt, mit welcher Temperaturdifferenzen sich fortpflanzen. Ihre Dimensionen sind nach (92) $\left|\dfrac{L^2}{T}\right|$.

Wir suchen Integrale von (92), die sich dem Fall periodischer Vorgänge an der Oberfläche anpassen lassen. Ein Integral ist $u = e^{\lambda t + \mu z}$, wenn $\lambda = a^2 \mu^2$. Wir setzen $\lambda = + \omega i$, also

$$\mu^2 = + \frac{\omega i}{a^2}, \qquad \mu = \frac{\sqrt{\omega}}{a} \cdot \sqrt[4]{-1} = \pm \frac{\sqrt{\omega}}{a} \frac{1}{\sqrt{2}} (1 \pm i).$$

In der Klammer muß man das obere Zeichen wählen, damit $\mu^2 = + \dfrac{\omega i}{a^2}$ wird[1]. Wir nehmen den Wert

$$\mu = -\frac{1}{a} \cdot \sqrt{\frac{\omega}{2}} (1 + i)$$

und erhalten

$$u = e^{-\frac{1}{a}\sqrt{\frac{\omega}{2}} \cdot z} \cdot e^{i\left(\omega t - \frac{1}{a}\sqrt{\frac{\omega}{2}} \cdot z\right)}.$$

---

[1] Das untere Zeichen würde zu Temperaturwellen führen, die beim Fortschreiten an Höhe zunehmen.

Nach der Formel $e^{ix} = \cos x + i \sin x$ leitet man hieraus zwei reelle partikuläre Integrale ab[1]), deren Summe der linearen homogenen Gl. (92) genügt. Mit den Bezeichnungen

$$\omega = \frac{2\pi}{\tau}, \qquad \frac{1}{a} \cdot \sqrt{\frac{\omega}{2}} = \frac{1}{a}\sqrt{\frac{\pi}{\tau}} = \frac{1}{\zeta} = \frac{2\pi}{\lambda} \quad \dots \quad (93)$$

erhalten wir

$$\left. \begin{aligned}
u &= e^{-\frac{z}{\zeta}}\left\{ A \cdot \cos\left(\frac{2\pi}{\tau} \cdot t - \frac{z}{\zeta}\right) + B \cdot \sin\left(\frac{2\pi}{\tau} \cdot t - \frac{z}{\zeta}\right)\right\} + C \\
&= e^{-\frac{z}{\zeta}} \cdot \left\{ A \cos 2\pi\left(\frac{t}{\tau} - \frac{z}{\lambda}\right) + B \cdot \sin 2\pi\left(\frac{t}{\tau} - \frac{z}{\lambda}\right)\right\} + C
\end{aligned} \right\} \cdot (94)$$

32. Die Temperatur an der Erdoberfläche ist als periodische Funktion der Zeit gegeben.

Es sei nämlich für

$$\left\{ \begin{aligned} z &= 0 \\ u &= u_0 \cdot \cos \omega t \end{aligned} \right\}; \quad \text{ferner sei für} \quad \left\{ \begin{aligned} z &= \infty^{2)} \\ u &= 0 \end{aligned} \right\} \quad . \quad (95)$$

Diesen Bedingungen wird genügt durch die Werte $A = u_0$, $B = 0$, $C = 0$, d. h.

$$u = u_0 \cdot e^{-\frac{z}{\zeta}} \cdot \cos 2\pi\left(\frac{t}{\tau} - \frac{z}{\lambda}\right). \quad \dots \quad (96)$$

Diese Gleichung besagt, daß sich gedämpfte Temperaturwellen in die Erde hinein fortpflanzen. In konstanter Tiefe z finden Temperaturoszillationen statt, welche mit der Temperaturoszillation an der Oberfläche der Periode nach, nicht aber der Amplitude und Phase nach übereinstimmen. Die Amplitude ist in der Tiefe z auf $e^{-\frac{z}{\zeta}}$ reduziert, ζ, die Tiefe, in der die Amplitude auf $1/e$ reduziert ist, ist proportional $\sqrt{\tau}$, also für die Jahreswellen $\sqrt{365} = 19$ mal so groß als für die Tages-

---

[1]) Wenn einer linearen homogenen Differentialgleichung wie (92) die komplexe Größe $\alpha + \beta i$ genügt, so genügt auch $A \cdot \alpha$ und $B \cdot \beta$, wo A und B willkürliche Konstanten sind.

[2]) Von der langsamen Temperaturzunahme gegen das Erdinnere (§ 38), welche sich den von der Oberfläche ausgehenden Temperaturoszillationen überlagert, können wir hier absehen.

wellen; jene dringen also viel tiefer als diese ein. Die Phasen-
verschiebungen übersieht man, wenn man die Temperaturverteilung für einen Zeitpunkt t gleich einem
ganzen Vielfachen von τ graphisch darstellt

(Abb. 12), wofür $u = u_0\, e^{-\frac{z}{\zeta}} \cdot \cos 2\,\pi\,\dfrac{z}{\lambda}$. Die

Temperaturkurve bildet eine Wellenlinie
der Wellenlänge λ mit abnehmender Amplitude[1]); λ ist proportional mit $\sqrt{\tau}$, also
wieder 19 mal so groß für die Jahres- als
für die Tageswellen. In der Tiefe $z = \lambda/2$
sind die Jahreszeiten vertauscht, aber die
Amplitude ist hier auf $e^{-\pi} = {}^1\!/_{23}$ ge-
schwächt. Soll in der Tiefe z zur Zeit t dieselbe Phase
vorhanden sein, wie zur Zeit t' in der Tiefe z', so muß sein

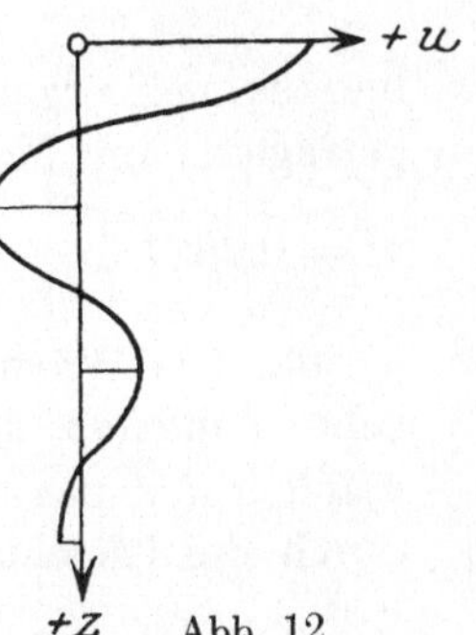

Abb. 12.

$\dfrac{t}{\tau} - \dfrac{z}{\lambda} = \dfrac{t'}{\tau} - \dfrac{z'}{\lambda}$, die Fortpflanzungsgeschwindigkeit der Tem-

peraturwellen ist $\dfrac{z' - z}{t' - t} = \dfrac{\lambda}{\tau}$ proportional mit $\dfrac{1}{\sqrt{\tau}}$, da λ mit $\sqrt{\tau}$

proportional ist. Die Jahreswellen pflanzen sich also langsamer
fort als die Tageswellen.

Für Granit ist nach F. Neumann[2])

$$a^2 = 0{,}656\,\frac{\mathrm{cm}^2}{\mathrm{min}} = 0{,}0945\,\frac{\mathrm{m}^2}{\mathrm{Tag}};$$

dafür findet man nach (93)

$\tau_{(\text{Tage})}$	365	1
$\zeta_{(\text{m})}$	3,31	0,174
$\lambda_{(\text{m})}$	20,8	1,09

Die folgende Tabelle enthält Beobachtungen von Tait am
Calton hill in Edinburg.

$z\,(\text{m})$	Temp. max.	Doppelte Ampl. A	ζ
0,97	19. Aug.	$8^0\,2$	—
1,94	8. Sept.	$5^0\,6$	5,84
3,89	19. Okt.	$2^0\,7$	6,04
7,78	6. Jan.	$0^0\,7$	6,37

---

[1]) Tatsächlich nimmt u mit der Tiefe schneller ab als nach der Abbildung.
[2]) Neumann, F.: Fortschr. d. Physik 18. Jahrg., S. 364. 1862.

Da $A = 2\,u_6 \cdot e^{-\frac{z}{\zeta}}$, so ist $\dfrac{A}{A'} = e^{-\frac{z-z'}{\zeta}}$ $\zeta = \dfrac{(z'-z)\log e}{\log \dfrac{A}{A'}}$. Die

hieraus sich ergebenden Werte von ζ sind in die Tabelle ein-getragen, im Mittel ist $\zeta = 6{,}08$. Daraus folgt nach (93) $a^2 = 0{,}0601\,\dfrac{\mathrm{m}^2}{\mathrm{Tag}}$ für den Felsen des Calton hill.

33. Die Wärmezufuhr an der Erdoberfläche ist als periodische Funktion der Zeit gegeben. Diese Wärmezufuhr w sei nämlich für das Quadratzentimeter und die Sekunde gegeben durch die Gleichung

$$w = w_0 \cdot \sin \omega t \ \ldots \ldots \ldots \ldots \ (97)$$

Den Wärmezuwachs eines Elementes $ds\,dz$ an der Ober-fläche in zweifacher Weise ausdrückend, erhält man

$$\varrho\,ds\,dz \cdot c \cdot \frac{\partial u}{\partial t} = \left[w + k \cdot \left(\frac{\partial u}{\partial z}\right)_{z=0}\right] \cdot ds,$$

womit durch Streichung von unendlich kleinem höherer Ord-nung

$$w = -\,k \cdot \left(\frac{\partial u}{\partial z}\right)_{z=0} = w_0 \cdot \sin \omega t$$

oder

$$\left.\begin{aligned}\left(\frac{\partial u}{\partial z}\right)_{z=0} &= -\,g \cdot \sin \omega t\\[2mm] g &= \frac{w_0}{k}\end{aligned}\right\} \ \cdot \ldots \ldots \ldots \ (98)$$

Gl. (98) wird, wenn man $\left(\dfrac{\partial u}{\partial z}\right)_{z=0}$ nach (94) bildet,

$$-\,g \sin \omega t = \frac{1}{\zeta}\left\{(A-B)\cdot\sin \omega t - (A+B)\cdot\cos \omega t\right\},$$

woraus $A + B = 0$, $A - B = -\,g\,\zeta$, also $A = -\,\tfrac{1}{2}g\,\zeta$, $B = +\,\tfrac{1}{2}g\,\zeta$ und aus der allgemeinen Gl. (94) entsteht

$$u = \frac{1}{2}\,g\,\zeta \cdot e^{-\frac{z}{\zeta}} \cdot \left\{\sin 2\,\pi\left(\frac{t}{\tau} - \frac{z}{\zeta}\right) - \cos 2\,\pi\left(\frac{t}{\tau} - \frac{z}{\lambda}\right)\right\} + u^0,$$

wenn die Temperatur für $z = \infty$ gleich u^0 gesetzt wird.

Es ist $\sin\psi - \cos\psi = \mathfrak{M}\cdot\sin(\psi - \varphi)$, wenn $1 = \mathfrak{M}\cos\varphi$, $1 = \mathfrak{M}\sin\varphi$ oder $\mathfrak{M} = \pm\sqrt{2}$, $\mathrm{tg}\,\varphi = 1$. Wählt man das obere Zeichen für $\mathfrak{M}$, so liegt φ im ersten Quadranten, wird also $\pi/4$ und man erhält

$$u = \frac{g\,\zeta}{\sqrt{2}}\cdot e^{-\frac{z}{\zeta}}\cdot\sin\left[2\,\pi\left(\frac{t}{\tau} - \frac{z}{\lambda}\right) - \frac{\pi}{4}\right] + u^0 \ \ . \ \ . \ \ . \ \ (99)$$

Zu demselben Ausdruck führt die Annahme $\mathfrak{M} = -\sqrt{2}$, indem dann φ im 3. Quadranten liegt.

Wie im ersten Fall laufen nach diesem Ausdruck Temperaturwellen in das Erdinnere hinein. Doch läßt sich die Lösung auch auf ein anderes Problem beziehen.

34. Periodische Konzentrationsänderungen an sogenannten unpolarisierbaren Elektroden bei Wechselstrom. Das Grundgesetz der freien Diffusion, d. h. der Diffusion ohne Scheidewände, lautet nach Adolf Fick[1]): Bei der Diffusion fließt Substanz von Stellen höherer zu Stellen tieferer Konzentration nach demselben Gesetz, nach welchem Wärme von Stellen höherer zu Stellen tieferer Temperatur fließt. Für den Fall der Diffusion eines Salzes in Lösung ist also der Substanzfluß in der Richtung $+ x$ gleich $- D\cdot\dfrac{\partial c}{\partial x}$, wo c die Konzentration des Salzes in Gramm/Kubikzentimeter, D die Diffusionskonstante bedeutet, die im allgemeinen von c nicht unabhängig ist, aber im folgenden als von c unabhängig angenommen werden soll. Dann ergibt sich aus Betrachtungen, die den in § 5 und 6 angestellten entsprechen:

$$\frac{\partial(c\,d\tau)}{\partial t}\cdot dt = D\cdot\varDelta\,c\cdot d\tau\cdot dt$$

oder

$$\frac{\partial c}{\partial t} = D\cdot\varDelta c.\ \ .\ \ .\ \ .\ \ .\ \ .\ \ .\ \ .\ \ .\ \ (100)$$

Die Dimensionen von D sind nach dieser Gleichung $|D| = |L^2\cdot T^{-1}|$.

An einer Silberelektrode in wäßriger $AgNO_3$-Lösung bestehe Wechselstrom

$$I = I_0\cdot\sin\omega t.\ \ .\ \ .\ \ .\ \ .\ \ .\ \ .\ \ (101)$$

---

[1]) Fick, Ad.: Pogg. Ann. Bd. 94, S. 59. 1855.

Dabei wird der Flüssigkeit an der Elektrode abwechselnd Salz zugeführt und entzogen, dadurch entstehen wechselnde Konzentrationsänderungen an der Elektrode, die zu Diffusionsströmen wechselnder Richtung Veranlassung geben. Es handelt sich darum, die hieraus entspringenden Konzentrationsoszillationen zu berechnen.

Sei $\mathfrak{N}$ die Zahl der freien Ionen im Kubikzentimeter, q der Querschnitt des Elektrolyten, dann ist[1]) die Stromstärke in Ampere

$$I = \mathfrak{N} \cdot (u_a + u_k)\, q \cdot e, \quad \ldots \ldots \quad (101\,a)$$

indem das elektrische Elementarquantum e in Coulomb ausgedrückt wird. Das an der Anode freiwerdende Anion NO_3 zieht aus der Silberelektrode Ag heran und bildet neues $AgNO_3$; daher ist der Zuwachs der Zahl von $AgNO_3$-Molekeln an der Anode gleich dem Zuwachs der Zahl von NO_3-Ionen an der Anode, dieser aber ist für die Sekunde berechnet

$$u_a \cdot q \cdot \mathfrak{N} = \frac{u_a}{u_a + u_k} \cdot (u_a + u_k)\, q \cdot \mathfrak{N} = n \cdot \frac{I}{e} \ (\text{nach } (101)) \ . \ . \ (102)$$

wo n die Hittorfsche Überführungszahl des Anions bedeutet. Hieraus ergibt sich der Zuwachs an Gramm $AgNO_3$ an der Anode pro Sekunde durch Division mit der Avogadroschen Zahl $\mathfrak{A}$ und Multiplikation mit dem Molekulargewicht A des $AgNO_3$ gleich $\dfrac{n\,I \cdot A}{F}$, indem $F = \mathfrak{A} \cdot e$ die Valenzladung bedeutet. Indem man nach dem Muster des § 33 den Zuwachs an Gramm $AgNO_3$ in einem Volumelement $q\,dz$ an der Anode in zweierlei Weise ausdrückt, findet man

$$\frac{\partial\,(q\,dz \cdot c)}{\partial t} = \frac{n\,I\,A}{F} + q \cdot D \cdot \left(\frac{\partial c}{\partial z}\right)_{z=0}$$

und hieraus

$$\left.\begin{aligned}
\left(\frac{\partial c}{\partial z}\right)_{z=0} &= -\,g \cdot \sin \omega\, t \\[2mm]
g &= \frac{I_0\, n\, A}{F\, q\, D}
\end{aligned}\right\} \quad \ldots \ldots \quad (103)$$

---

[1]) Warburg, E.: Lehrbuch der Experimentalphysik, 19./20. Aufl., S. 372—375, wo auch die Bezeichnungen erklärt sind.

Hierzu kommt unter der Annahme linearer Verhältnisse für das Innere $\dfrac{\partial c}{\partial t} = D \cdot \dfrac{\partial^2 c}{\partial z^2}$, und setzt man endlich für $z = \infty$ $c = c^0$, so wird diesen Bedingungen durch die Gl. (99) genügt, wenn man in ihr c statt u und $\zeta = \sqrt{\dfrac{D\tau}{\pi}}$ setzt. Durch Einführung des obigen Wertes von g ergibt sich schließlich

$$\left.\begin{aligned} c - c^0 &= \frac{1}{\sqrt{2}} \cdot \frac{nA}{Fq} \cdot \sqrt{\frac{\tau}{D\pi}} \cdot e^{-\frac{z}{\zeta}} \cdot I_0 \sin\left[2\pi\left(\frac{t}{\tau} - \frac{z}{\lambda}\right) - \frac{\pi}{4}\right], \\[2mm] \zeta &= \sqrt{\frac{D\tau}{\pi}} \end{aligned}\right\} \quad (104)$$

Von der Elektrode gehen also Konzentrationswellen abnehmender Amplitude in den Elektrolyten hinein. Da aber D von der Größenordnung $1\,\dfrac{\mathrm{cm}^2}{\mathrm{Tag}} = \dfrac{1}{86\,400}\,\dfrac{\mathrm{cm}^2}{\mathrm{sec}}$, mithin $\zeta = 0{,}00192 \cdot \sqrt{\tau}\ \mathrm{cm}$ und z. B. für $\tau = 0{,}01\ \mathrm{sec}$ $\zeta = 0{,}000192\ \mathrm{cm} = 1{,}92\ \mu$ ist, so dringen diese Konzentrationswellen nur bis zu einer äußerst geringen Tiefe in den Elektrolyten ein. An der Elektrode $(z = 0)$ wird

$$c_0 - c^0 = \frac{nA}{Fq} \cdot \sqrt{\frac{1}{\omega D}} \cdot I_0 \cdot \sin\left(\omega t - \frac{\pi}{4}\right) \ \ . \ \ . \ \ . \ \ (105)$$

Die Konzentrationsschwankungen sind, da $\omega = \dfrac{2\pi}{\tau}$, proportional $\sqrt{\tau}$, indem je größer τ, desto länger die Salzzufuhr dauert, proportional $\dfrac{1}{\sqrt{D}}$, indem je stärker die Diffusion, desto mehr von der durch den Strom zugeführten Salzmenge wieder verloren geht.

35. Polarisation sog. unpolarisierbarer Elektroden bei Wechselstrom. Nehmen wir an, daß der betrachteten Elektrode eine sehr große gegenübersteht, so bleibt an dieser die Konzentration merklich konstant gleich c^0, dabei entsteht nach der Theorie der Konzentrationsströme[1]) zwischen beiden Elektroden

---

[1]) Experimentalphysik 19./20. Aufl., S. 348.

eine EMK (Polarisation), welche immer der Stromstärke entgegengerichtet ist, indem beim Konzentrationselement der Strom
von verdünnt zu konzentriert durch den Elektrolyten geht.

Ist der Elektrolyt vollständig dissoziiert, so ist nach der
Theorie der Konzentrationsströme die EMK der Polarisation p

$$p = p_0 \cdot \log_e \frac{c_0}{c^0}$$

$$p_0 = R T \frac{n}{F} \cdot \frac{f}{w},$$

wo f die Zahl der Ionen ist, in welche eine elektrolytische
Molekel sich spaltet (hier $f = 2$), w die Wertigkeit des Metalls
(hier $w = 1$). Wird hierin RT in Volt Cb/Mol. ausgedrückt, so
erhält man p_0 in Volt. Für kleine Konzentrationsänderungen
$\left(\frac{c_0}{c^0}\right.$ von 1 wenig verschieden$\left.\right)$ ergibt sich aus (105)

$$p = \frac{R T}{c^0} \left(\frac{n}{F}\right)^2 \frac{f}{w} \cdot \frac{A}{q} \sqrt{\frac{\tau}{2\pi D}} \cdot I_0 \sin\left(\omega t - \frac{\pi}{4}\right) \; . \; . \; (106)$$

Man kann nach dieser Theorie die Polarisation für Ag in
$AgNO_3$ und andere sog. unpolarisierbare Elektroden nach Phase
und Größe berechnen[1]) und findet Übereinstimmung mit der
Erfahrung[2]).

36. Theorie der physiologischen Reizung nach Nernst.
Nernst hat die Gl. (105) auf die physiologische Reizung angewandt. In dem organisierten Gewebe ist der Elektrolyt innerhalb und außerhalb der Zellen von verschiedener Zusammen-
setzung, was darauf hindeutet, daß die Zellmembran für gewisse
Salze durchlässig ist, für andere nicht. Erstere übernehmen bei
Stromdurchgang die elektrolytische Leitung durch die Zellmembran hindurch, für letztere spielt die Zellwand die Rolle
einer Elektrode, an welcher Konzentrationsänderungen stattfinden; da diese bei den hier in Betracht kommenden Fre-
quenzen nur um etwa $1\,\mu$ in das Innere des Elektrolyten eindringen, und die Zellen viel größer sind, so kann die gegebene
Theorie hier angenähert beibehalten werden; die Konzentrations-

---

[1]) E. Warburg: Verh. d. deutsch. phys. Ges. Jahrg. 15, S. 120. 1896.
[2]) E. Neumann: Wied. Ann. Bd. 67, S. 500. 1899.

änderungen werden dann mit $I_0 \cdot \sqrt{\tau}$ proportional. Nernst macht nun die Hypothese, daß Reizung nur eintritt, wenn die maximale Konzentrationsänderung einen gewissen Schwellenwert überschreitet. Macht man also Versuche, bei denen man I_0 und τ variiert, so muß Reizung immer einsetzen, sobald $I_0 \sqrt{\tau}$ einen bestimmten Wert erreicht hat. Dies wird durch Versuche mit Strömen bis $4 \cdot 10^{-6}$ Amp. bestätigt. Diese Theorie erklärt auch die Tatsache, daß man sehr hochgespannte Ströme, bei welchen die Schlagweite mehrere Zentimeter beträgt, und welche bei mäßiger Frequenz heftige Zuckungen hervorbringen, bei sehr hoher Frequenz, also für sehr kleines τ (Teslaströme), ungestraft durch den Körper leiten kann.

37. Intregration der Gleichung $\dfrac{\partial u}{\partial t} = a^2 \dfrac{\partial^2 u}{\partial z^2}$ **durch das Gaußsche Fehlerintegral.** Unter dem Gaußschen Fehlerintegral versteht man die Funktion

$$\Phi(x) = \frac{2}{\sqrt{\pi}} \cdot \int_0^x e^{-x^2}\, dx, \qquad \ldots \ldots (107)$$

deren Werte durch Tafeln gegeben sind (Jahncke und Emde l. c., ausführlichere Tafeln von Markoff).

Es ist

$$\int_{-\infty}^{+\infty} \int_{-\infty}^{+\infty} e^{-(x^2+y^2)}\, dx\, dy = \int_{-\infty}^{+\infty} e^{-x^2}\, dx \int_{-\infty}^{+\infty} e^{-y^2}\, dy = \left(\int_{-\infty}^{+\infty} e^{-x^2}\, dx \right)^2.$$

Andererseits erhält man für das über die xy-Ebene zu erstreckende Doppelintegral, indem man setzt $r^2 = x^2 + y^2$ und für das Flächenelement $2r\pi\, dr$ nimmt,

$$\int_0^\infty e^{-r^2} \cdot 2r\pi\, dr = \pi,$$

also

$$\int_{-\infty}^{+\infty} e^{-x^2}\, dx = \sqrt{\pi}$$

und

$$\int_0^\infty e^{-x^2}\, dx = \frac{\sqrt{\pi}}{2} \qquad \ldots \ldots \ldots (108)$$

60   Das Medium ist einseitig begrenzt.

Es ist nun, wie man sich leicht überzeugt,

$$u = A \cdot \int_0^{\frac{z}{2a\sqrt{t}}} \cdot e^{-x^2}\, dx + B, \quad \ldots \ldots \ldots \quad (109)$$

wo A und B Konstanten sind, ein Integral der Gleichung $\dfrac{\partial u}{\partial t} = a^2\, \dfrac{\partial u^2}{\partial z^2}$. Dieses Integral läßt sich verschiedenen Problemen anpassen.

38. Thomsons (Lord Kelvins) Berechnung der seit dem Erstarren der Erdoberfläche verflossenen Zeit. War die Erde ursprünglich feurig flüssig, so mußte sie sich zuerst durch Ausstrahlung auf den Schmelzpunkt u_0 der Gesteine abkühlen, wobei sie in ein Haufwerk von Flüssigem und Festem sich verwandelte und Konvektionsströme unerheblich wurden. Die Oberfläche mußte dann erstarren und mag sich in kurzer Zeit (1 Jahr) auf die heutige Temperatur der Oberfläche, die 0^0 heiße, abgekühlt haben. Von nun an $(t = 0)$ gelangte Wärme nur durch Leitung an die Oberfläche und es handelt sich um den Temperaturzustand der Erde, wenn die Zeit t verstrichen ist. Sieht man wieder die Erdoberfläche als eben an, so ist $\dfrac{\partial u}{\partial t} = a^2 \cdot \dfrac{\partial^2 u}{\partial z^2}$ zu integrieren unter den Bedingungen $\begin{cases} z = 0 \\ u = 0 \end{cases}$ $\begin{cases} z = \infty & t = 0 \\ u = u_0 & u = u_0 \end{cases}$. Diesen Bedingungen genügt nach (108) der Ausdruck (109), wenn man $B = 0$ und $A = u_0 \cdot \dfrac{2}{\sqrt{\pi}}$ macht, also

$$u = u_0 \cdot \frac{2}{\sqrt{\pi}} \cdot \int_0^{\frac{z}{2a\sqrt{t}}} e^{-x^2}\, dx = u_0 \cdot \Phi\left(\frac{z}{2a\sqrt{t}}\right) \quad \ldots \quad (110)$$

Daraus folgt der Temperaturgradient $\dfrac{\partial u}{\partial z} = \dfrac{u_0}{a\sqrt{\pi t}} \cdot e^{-\frac{z^2}{4a^2 t}}$ und der Temperaturgradient an der Erdoberfläche $z = 0$

$$G = \left(\frac{\partial u}{\partial z}\right)_0 = \frac{u_0}{a\sqrt{\pi t}}.$$

Indem G durch die Beobachtung gegeben ist, kann nach dieser Gleichung die verstrichene Zeit t berechnet werden

$$t = \frac{u_0{}^2}{a^2 G^2} \cdot \frac{1}{\pi} \ldots \ldots \ldots \ldots \ (111)$$

G variiert etwas mit dem Orte an der Erdoberfläche, wir nehmen an $G = 31 \cdot 10^{-5}$ Grad/cm. Nach F. Neumann ist für Granit $a^2 = 0,656 \cdot 60 \cdot 24 \cdot 363$ cm²/Jahr.

Mit diesen Werten erhält man, je nachdem für u_0 1300 oder 2000⁰ C gesetzt wird,

$$t = 16,3 \quad \text{oder} \quad 39 \text{ Mill. Jahre.}$$

39. Wegen der Wärmeproduktion durch radioaktive Substanzen in der Erde ist die Zeit größer als nach Thomsons Theorie. Diese Theorie setzt voraus, daß keine Wärmequellen in der Erde vorhanden sind. Nun enthalten die Gesteine radioaktive Substanzen Uran und Thor, welche sich fortwährend mit ihren Abkömmlingen unter Wärmeentwicklung umwandeln, und es vergehen tausende Millionen von Jahren, bis Uran und Thor zur Hälfte umgewandelt sind. Die gesamte aus den radioaktiven Umwandlungen entstehende Wärme, berechnet aus dem mittleren Gehalt der Gesteine an radioaktiver Substanz, beträgt nach Rutherford[1]) zwar nur $1,9 \cdot 10^{-5}$ cal per cm³ und Jahr, dies gibt aber in einer Million von Jahren schon 19 cal per cm³, was z. B. für Granit, bei einem spezifischen Gewicht von 2,8 und einer spezifischen Wärme von 0,2, einer Temperaturerhöhung um $19/0,2 \cdot 2,8 = 34^0$ entspricht.

Die Erde verliert in der Zeiteinheit per cm² an der Oberfläche durch Wärmeleitung, eine Wärmemenge gleich $k \cdot G$, was für Granit $= 0,008 \cdot 3,15 \cdot 10^7 \cdot 31 \cdot 10^{-5} = 78,1$ g-cal im Jahr beträgt, indem k für Granit gleich $0,008 \, \frac{g}{cm \, sec}$ angenommen ist[2]).

Enthielte die ganze Erdmasse radioaktive Substanz von der in der Nähe der Erdoberfläche an Gesteinen beobachteten Konzentration, so wäre die radioaktiv erzeugte Erdwärme über 50 mal so groß als der derzeitige Wärmeverlust an der Erdoberfläche, was zu

---

[1]) E. Rutherford: Radioactive Substances and their radiations. Cambridge University Press 1913.

[2]) Weber, H. F.: Meteorol. ZS. Bd. 28, S. 701, 1911.

der unwahrscheinlichen Folgerung einer fortwährenden Steigerung der Erdtemperatur führen würde. Es ist daher mit Strutt anzunehmen, daß radioaktive Substanz nur bis zu einer gewissen Tiefe D unter der Erdoberfläche vorhanden ist. Unter Annahme gleichförmiger Konzentration solcher Substanz entsprechend Wärmeerzeugung von $1{,}6 \cdot 10^{-5}$ cal pro cm^3 und Jahr findet man für D, wenn die radioaktiv entstehende Wärme dem derzeitigen Wärmeverlust an der Erdoberfläche gleich sein soll, indem man die Krümmung der Kugelschale von der Dicke D als unendlich klein ansieht,

$$D \cdot w = G \cdot k, \quad \ldots \ldots \ldots \quad (112)$$

oder $D \ 1{,}9 \cdot 10^{-5} = 78{,}1$, woraus $D = 41{,}1$ km. Rührte dabei die hohe Temperatur des Erdinnern nur von der radioaktiven Wärme her und wäre zur Zeit der stationäre Zustand eingetreten, so wäre innerhalb der Schale, wenn die z-Achse vertikal abwärts gerichtet wird, nach (19)

$$\frac{\partial^2 u}{\partial z^2} = - \frac{w}{k},$$

woraus, da für

$$z = 0 \quad \frac{\partial u}{\partial z} = G,$$

$$u = - \frac{w}{k} \cdot \frac{z^2}{2} + G \cdot z$$

und

$$u_D = - \frac{w}{k} \cdot \frac{D^2}{2} + G \cdot D,$$

oder, indem man für D seinen Wert $G \cdot k/w$ setzt,

$$u_D = \frac{G^2 k}{2 w} = \frac{(31 \cdot 10^{-5})^2 \cdot 0{,}008 \cdot 3{,}15 \cdot 10^7}{2 \cdot 1{,}9 \cdot 10^5} = 640^0, \quad . \quad (113)$$

während tatsächlich die Temperatur im Erdinnern mindestens dem Schmelzpunkt der Gesteine entspricht. Die radioaktive Erdwärme kann also nicht die einzige Ursache der hohen Erdtemperatur sein, es ist vielmehr anzunehmen, daß nach W. Thomson die Erdtemperatur beim Erstarren dem Schmelzpunkt der Gesteine gleich war, daß aber die seit dem Erstarren

verflossene Zeit, in welcher der Temperaturgradient an der Erdoberfläche auf den gegenwärtigen Wert gesunken ist, durch
die radioaktive Wärme vergrößert und deshalb in der Thomsonschen Theorie zu klein gefunden wird. Eine Verbesserung der
Thomsonschen Theorie unter Berücksichtigung der radioaktiven
Wärme scheint nicht erfolgversprechend, da über die Verbreitung
der radioaktiven Substanz in der Erde nichts Sicheres be-
kannt ist.

**40. Schätzung geologischer Zeiträume nach der Theorie
der radioaktiven Umwandlungen.** Aus der Theorie der radioaktiven Umwandlungen ergeben sich verschiedene Mittel, um
die Größe geologischer Zeiträume zu schätzen. Nach dieser
Theorie wandelt sich z. B. Uran durch seine verschiedenen Zer-
fallprodukte hindurch so um, daß für je ein umgewandeltes
Atom eines Zerfallproduktes ein Atom des nächsten Zerfallproduktes entsteht; das stabile Endprodukt dieser Umwandlungen ist ein isotopes vom Atomgewicht 206,05 des gewöhnlichen Bleis vom Atomgewicht 207,2. In der Tat findet man
immer Blei in Uranerzen, und nimmt man an, daß ein Uran-
erz bei seiner Kristallisation noch kein Blei enthielt, so kann
man aus dem Gewichtsverhältnis Blei / Uran = Pb / U die Zeit
berechnen, welche seit der Kristallisation verstrichen ist. Bezeichnet man nämlich durch N die Zahl der Uranatome zur
Zeit t, so ist nach der Theorie

$$dN = - \lambda \cdot N dt, \qquad \ldots \ldots \ldots \quad (114)$$

wo λ die sogenannte Zerfallkonstante des Urans ist, welche wir
gleich $1{,}6 \cdot 10^{-10} \dfrac{1}{\text{Jahr}}$ setzen. Daraus folgt

$$N = N_0 \, e^{-\lambda t}, \qquad \ldots \ldots \ldots \quad (115)$$

wo N_0 die Zahl der Uranatome beim Auskristallisieren des
Erzes ($t = 0$) und folglich $N_0 - N$ die Zahl der zur Zeit t nach
dem Auskristallisieren zerfallenen Uranatome oder der zur Zeit t
vorhandenen Bleiatome bedeutet. Da das Atomgewicht des
Urans 238 ist, so wird

$$\frac{\text{Pb}}{\text{U}} = \frac{N_0 - N}{N} \cdot \frac{206{,}05}{238} = 0{,}87 \cdot \frac{1 - e^{-\lambda t}}{e^{-\lambda t}} = 0{,}87 \cdot (e^{\lambda} - 1),$$

woraus

$$t = \frac{1}{\lambda \log e} \cdot \log\left(1 + \frac{Pb}{U} \cdot \frac{1}{0{,}87}\right), \quad \ldots \ldots (116)$$

unter der genannten Voraussetzung, daß beim Auskristallisieren des Erzes kein Blei in demselben vorhanden war. Daß kein gewöhnliches Blei vorhanden war, ist dann verbürgt, wenn, wie es vielfach der Fall ist, das Atomgewicht des Bleis in dem Erz gleich 206 gefunden wird. Daß kein Uranblei vorhanden war, wird wenigstens in vielen Fällen für wahrscheinlich gehalten. Diese Voraussetzungen sind z. B. erfüllt für

	Pb/U	t ber. nach (116)
Bröggerit (Norwegen) . .	0,13	868 Millionen Jahre
Cleveit (Norwegen) . . .	0,19	1230 „ „ [1]

41. Bestimmung von Diffusionskoeffizienten. Auf dem Boden eines hohen zylindrischen Glasgefäßes befinde sich Salz. Zur Zeit $t = 0$ werde Wasser auf das Salz geschüttet, an der Berührung mit dem Salz ist dann die Konzentration der Lösung die Sättigungskonzentration c_0, dort sei, indem die $+z$-Achse vertikal aufwärts gezogen wird, $z = 0$. Indem man zur Zeit t aus der Höhe z etwas Lösung herausnimmt, findet man die Konzentration c als Funktion von z und t. Die verstrichene Zeit t soll so kurz bemessen sein, daß an die freie Wasseroberfläche noch keine merkliche Salzmenge gelangt ist.

Indem D als von der Konzentration unabhängig angenommen wird, ist die Gleichung $\frac{\partial c}{\partial t} = D \cdot \frac{\partial^2 c}{\partial z^2}$ zu integrieren unter den Bedingungen

$$z = 0 \qquad z = \infty \qquad t = 0$$
$$c = c_0 \qquad c = 0 \qquad c = 0.$$

Wir gehen wieder aus von dem Integral (109) § 37. Die erste Bedingung liefert $B = c_0$, die zweite $\frac{A\sqrt{\pi}}{2} + c_0 = 0$

oder $A = -\dfrac{2\,c_0}{\sqrt{\pi}}$;

---

[1] Vgl. Lawson, R. W.: Die Naturwissenschaften. V. Jahrg. 1917, S. 456. — Kirsch, G.: Ibid. XI. Jahrg. 1923, S. 372.

also

$$c = c_0 \left(1 - \frac{2}{\sqrt{\pi}} \cdot \int_0^{\frac{z}{2\sqrt{Dt}}} e^{-x^2}\, dx \right), \quad \ldots \ldots \quad (112\,\mathrm{a})$$

wodurch die dritte Bedingung ebenfalls erfüllt ist.

Es ist

$$\frac{c_0 - c}{c_0} = \Phi\left(\frac{z}{2\sqrt{Dt}} \right) \ldots \ldots \ldots (113\,\mathrm{a})$$

Um D zu bestimmen mißt man c_0, ferner c für bekannte Werte von z und t und entnimmt den Tabellen über Φ den Wert x des Argumentes von Φ, welcher Φ der linken Seite gleich macht. Dann ist

$$x = \frac{z}{2 \cdot \sqrt{D \cdot t}}, \quad D = \frac{1}{t} \cdot \frac{z^2}{4\, x^2} \ldots \ldots (114\,\mathrm{a})$$

42. Bestimmung des Temperaturleitungsvermögens aus der Temperaturfortpflanzung in einem Stab. Ein langer zylindrischer Stab von Zimmertemperatur $(u = 0)$ werde in $z = 0$ plötzlich auf u_0 gebracht. Äußere Wärmeleitung werde nicht berücksichtigt, der Versuch werde abgebrochen, ehe das andere Ende merklich erwärmt ist. Man hat

$$\frac{\partial u}{\partial t} = a^2 \cdot \frac{\partial^2 u}{\partial z^2} \ \left|\ \begin{array}{c} z = 0 \\ u = u_0 \end{array}\ \right|\ \begin{array}{c} z = \infty \\ u = 0 \end{array}\ \left|\ \begin{array}{c} t = 0 \\ u = 0 \end{array} \right..$$

Die Aufgabe ist mathematisch identisch mit der vorigen, die Lösung ist

$$\left. \begin{aligned} u &= u_0 \left[1 - \Phi\left(\frac{z}{2\,a\sqrt{t}} \right) \right] \\ \frac{u_0 - u}{u_0} &= \Phi\left(\frac{z}{2\,a\sqrt{t}} \right) \end{aligned} \right\} \quad \ldots \ldots (115\,\mathrm{a})$$

Kennt man u_0 und mißt u für ein Wertepaar z, t, so entnimmt man wieder den Tabellen für Φ den Wert x, welcher

$$\Phi(x) = \frac{u_0 - u}{u_0}$$

macht, und erhält

$$a^2 = \frac{1}{t} \cdot \frac{z^2}{4\, x^2} \cdot \ldots \ldots \ldots (116\,\mathrm{a})$$

Eine andere Methode besteht darin, daß man für ein bestimmtes z u für verschiedene Werte von t ermittelt. Man erhält so eine $u - t$-Kurve; man zeichnet für verschiedene Werte von a^2 nach (115a) die $u - t$-Kurve und sucht diejenige auf, welche mit der beobachteten am besten übereinstimmt; das a^2 dieser Kurve ist das gesuchte (Grüneisen: Diss. 1900, Ann. d. Phys. (4) 3, S. 43—74, Diesselhorst: Wissensch. Abh. der Phys. Techn. Reichsanst. Bd. IV, 187).

Bei diesen Versuchen wurde die konstante Temperatur u_0 in $z = 0$ zur Zeit $t = 0$ durch plötzliche Wasserbespülung hergestellt. Dabei zeigte sich, daß die experimentelle $u - t$-Kurve mit keiner theoretischen Kurve zur Deckung gebracht werden konnte; ferner erhielt man für verschiedene z-Werte verschiedene a-Werte, die Übereinstimmung wurde um so schlechter, je kleiner z. Das Experiment realisiert also nicht genau die theoretische Voraussetzung; die nähere Untersuchung zeigte, daß durch die angewandte Methode der Wasserbespülung die Bedingung $\left.\begin{matrix} t = 0 \\ u = u_0 \end{matrix}\right\}$ nicht realisiert wird (Grüneisen: Diss., wo auch eine Methode angegeben ist, durch welche man sich von diesem Fehler unabhängig machen kann).

43. Besser läßt sich eine andere Bedingung realisieren, bei welcher dem Ende $z = 0$ von dem Zeitpunkt $t = 0$ ab eine konstante Wärmemenge zugeführt wird, die dann nach den Betrachtungen des § 33 durch Wärmeleitung wieder abgeführt werden muß, d. h. $-k \cdot \left(\dfrac{\partial u}{\partial z}\right)_{z=0} = \text{konst. oder} \left(\dfrac{\partial u}{\partial z}\right)_{z=0} = -c$. Man stellt dazu dem Ende $z = 0$ ein Platinblech gegenüber, welches zur Zeit $t = 0$ zu konstantem Glühen gebracht wird. Die Aufgabe lautet jetzt:

$$\frac{\partial u}{\partial t} = a^2 \cdot \frac{\partial^2 u}{\partial z^2} \quad \left|\begin{array}{c} z = 0 \\[4pt] \dfrac{\partial u}{\partial z} = -c \end{array}\right| \begin{array}{c} t = 0 \\[4pt] u = 0 \end{array} \left|\begin{array}{c} z = \infty \\[4pt] u = 0. \end{array}\right.$$

Setzt man $\quad c + \dfrac{\partial u}{\partial z} = v,\quad$ so wird $\quad \dfrac{\partial}{\partial z}\left(\dfrac{\partial u}{\partial t}\right) = \dfrac{\partial v}{\partial t} = a^2 \cdot \dfrac{\partial^2 v}{\partial z^2}.$

Das Integral unter der Bedingung $\left.\begin{array}{l} z=0 \\ v=0 \end{array}\right\}$ ist

$$v = A \int\limits_{0}^{\frac{z}{2a\sqrt{t}}} e^{-x^2}\, dx = c + \frac{\partial u}{\partial z},$$

woraus

$$c\,z + u = A \cdot \int dz \int\limits_{0}^{\frac{z}{2a\sqrt{t}}} e^{-x^2}\, dx.$$

Indem

$$\int F(z)\, dz = F(z) \cdot z - \int z\, F'(z)\, dz$$

setze man

$$F(z) = \int\limits_{0}^{\frac{z}{2a\sqrt{t}}} e^{-x^2}\, dx.$$

Da

$$\int z\, F'(z)\, dz = \int z \cdot e^{-\frac{z^2}{4a^2t}} \frac{1}{2a\sqrt{t}}\, dz = -\, a\sqrt{t} \cdot e^{-\frac{z^2}{4a^2t}},$$

so wird

$$c\,z + u = A \cdot z \cdot \int\limits_{0}^{\frac{z}{2a\sqrt{t}}} e^{-x^2}\, dx + A \cdot a\sqrt{t} \cdot e^{-\frac{z^2}{4a^2t}}.$$

Da für $\left.\begin{array}{l} t=0 \\ u=0 \end{array}\right\}$ sein soll: $\quad c\,z = A \cdot z \cdot \dfrac{\sqrt{\pi}}{2} \quad$ oder $\quad A = \dfrac{2\,c}{\sqrt{\pi}}$

und man erhält

$$u = c \cdot \left\{ \frac{2\,z}{\sqrt{\pi}} \cdot \int\limits_{0}^{\frac{z}{2a\sqrt{t}}} e^{-x^2}\, dx + 2\,a\sqrt{\frac{t}{\pi}}\, e^{-\frac{z^2}{4a^2t}} - z \right\}, \quad . \quad (117)$$

wodurch auch die Bedingung $\left.\begin{array}{l} z=\infty \\ u=0 \end{array}\right\}$ erfüllt ist.

Zur Bestimmung von a^2 nach dieser Methode zeichnet man für ein bestimmtes z die $u - t$-Kurve und vergleicht sie mit den theoretischen $u - t$-Kurven für verschiedene a-Werte (s. Giebe: Diss. 1903; Verh. d. deutsch. phys. Ges. 5, 60—66. 1903).

2. Das Medium ist mehrseitig begrenzt.

44. Darstellung einer willkürlichen Funktion durch Fouriersche Reihen. Sei gegeben der Wert einer Funktion $f(x)$ innerhalb der Grenzen $x = - c$ und $x = + c$. Dann kann in diesen Grenzen $f(x)$ durch folgende immer konvergente Reihe dargestellt werden[1]).

$$
\left.
\begin{aligned}
f(x) &= \frac{1}{2}b_0 + b_1 \cdot \cos\frac{\pi x}{c} + b_2 \cdot \cos\frac{2\pi x}{c} + \ldots + b_m \cdot \cos\frac{m\pi x}{c} + \ldots \\[2mm]
&\quad + a_1 \cdot \sin\frac{\pi x}{c} + a_2 \cdot \sin\frac{2\pi x}{c} + \ldots + a_m \cdot \sin\frac{m\pi x}{c} + \ldots \\[2mm]
b_m &= \frac{1}{c}\cdot\int_{-c}^{+c} f(\lambda)\cos\frac{m\pi\lambda}{c}\,d\lambda, \qquad a_m = \frac{1}{c}\cdot\int_{-c}^{+c} f(\lambda)\sin\frac{m\pi\lambda}{c}\,d\lambda
\end{aligned}
\right\} \quad (118)
$$

Bemerkung 1. An einer Sprungstelle der Funktion gibt die Reihe den arithmetischen Mittelwert der Funktionswerte. An den Grenzen $- c$ und $+ c$ nimmt die Reihe den gleichen Wert an, dieser ist gleich dem arithmetischen Mittel der an den Grenzen stattfindenden Funktionswerte, sofern diese voneinander verschieden sind.

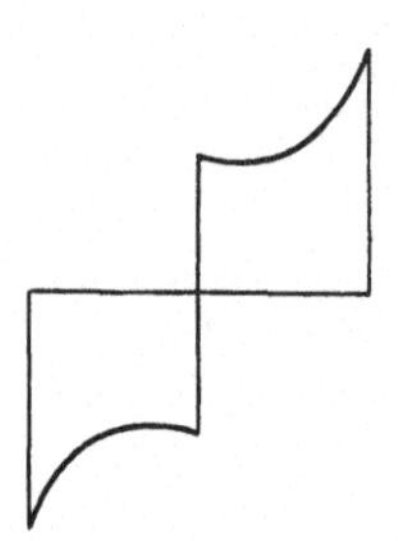

Abb. 13.

Bemerkung 2. Ist $f(- x) = - f(+ x)$ (Abb. 13), so wird

$$
b_m = 0, \qquad a_m = \frac{2}{c}\int_0^c f(\lambda)\cdot\sin\frac{m\pi\lambda}{c}\,d\lambda.
$$

---

[1]) Riemann, B.: Partielle Differentialgleichungen. Vorlesungen, herausgegeben von K. Hattendorf, Braunschweig bei Fr. Vieweg & Sohn 1869. — Weber, H.: Die partiellen Differentialgleichungen der mathematischen Physik bei Fr. Vieweg & Sohn.

An den Grenzen und für $x = 0$ hat die Reihe den Wert 0 entsprechend Bemerkung 1. Ist $f(-x) = +f(+x)$ (Abb. 14), so wird

$$a_m = 0, \quad b_m = \frac{2}{c} \int_0^c f(\lambda) \cdot \cos \frac{m \pi \lambda}{c} d\lambda .$$

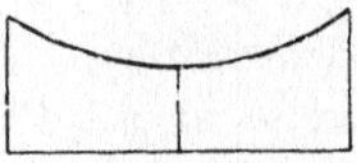

Abb. 14.

An den Grenzen stellt hier die Reihe den Funktionswert dar.

Eine beliebige Funktion $f(x)$ kann man setzen

$$f(x) = \frac{f(x) + f(-x)}{2} + \frac{f(x) - f(-x)}{2} = f_1(x) + f_2(x).$$

Es ist

$$f_1(x) = f_1(-x), \qquad f_2(x) = -f_2(-x),$$

so kommt es, daß zur Darstellung einer beliebigen Funktion die Doppelreihe erforderlich ist.

Bemerkung 3. Man könnte glauben, daß eine beliebige Funktion durch eine beliebige unendliche Reihe, z. B. durch eine Potenzreihe dargestellt werden könne, da man durch Verfügung über die Konstanten der einzelnen Glieder beliebig viele Funktionswerte mit der Reihe zur Koinzidenz bringen könnte, doch nähern sich hier beim Übergang zu einer unendlichen Gliederzahl die Koeffizienten nicht immer einer bestimmten Grenze.

Bemerkung 4. Ist die Möglichkeit der Entwicklung nach (118) bewiesen, so ergeben sich die Koeffizienten a_m, b_m durch einfache Rechnung, z. B. a_m durch Multiplikation beiderseits mit $\sin \frac{m \pi x}{c}$ und Integration von $-c$ bis $+c$. Es ist nämlich

$$\int_{-c}^{+c} \cos \frac{n \pi x}{c} \sin \frac{m \pi x}{c} dx = 0,$$

indem $2 \sin \alpha \cos \beta = \sin(\alpha + \beta) + \sin(\alpha - \beta)$; ebenfalls

$$\int_{-c}^{+c} \sin \frac{n \pi x}{c} \cdot \sin \frac{m \pi x}{c} dx,$$

dieses Integral aber nur, wenn $n \lessgtr m$, für $n = m$ wird das Integral $= c$, da $\sin^2 \alpha = \frac{1}{2}(1 - \cos 2\,\alpha)$.

45. Die zu behandelnden Fälle. Für den Fall, daß das wärmeleitende Medium durch zwei unendlich große Ebenen (große ebene Platte), oder durch zwei unendlich lange konachsiale Zylinderflächen oder durch zwei konzentrische Kugelflächen begrenzt ist, wurde im § 11 der stationäre Temperaturzustand unter der Voraussetzung untersucht, daß die Temperatur nur von einer Raumkoordinate abhängt, nämlich bzw. von der Entfernung von einer der Grenzebenen, von der Achsendistanz und von der Zentraldistanz. Für diese Fälle soll jetzt der veränderliche Zustand untersucht und die Bezeichnungen sollen wie dort gewählt werden.

46. Große planparallele Platte (mit Vernachlässigung der Randkorrektion). Da hier u von x und y unabhängig sein soll, ist

$$\text{a) } \frac{\partial u}{\partial t} = a^2 \frac{\partial^2 u}{\partial z^2},$$

Nebenbedingungen   . . . . (119)

$$\text{b) } \begin{matrix} z = 0 \\ z = d \end{matrix} \; u = 0, \quad \text{c) } \begin{matrix} t = 0 \\ u = f(z) \end{matrix}$$

Ein Integral von a) ist $e^{\lambda t + \mu z}$ wenn $\lambda = a^2 \mu^2$. Setzt man $\mu = i \cdot \mu'$, also $\lambda = -a^2 \mu'^2$, so erhält das Integral die Form

$$e^{-a^2 \mu'^2 t} \cdot e^{i \mu' z};$$

es sind also auch $e^{-a^2 \mu'^2 t} \cdot \sin \mu' z$ und $e^{-a^2 \mu'^2 t} \cdot \cos \mu' z$ Integrale. Für die vorliegende Aufgabe eignet sich das erstgenannte Integral, welches die Nebenbedingung b) erfüllt, wenn $\sin \mu' d = m\pi$ gesetzt wird, indem m eine ganze Zahl bedeutet. Da die zu integrierende Gleichung linear und homogen ist, ist auch

$$u = \sum_{1}^{\infty} A_m \cdot e^{-\frac{a^2 m^2 \pi^2}{d^2} \cdot t} \cdot \sin \frac{m \pi z}{d} \quad \ldots \ldots (120)$$

ein Integral; damit die Bedingung (119) c) erfüllt werde, muß

$$\sum A_m \sin \frac{m \pi z}{d} = f(z)$$

sein, was nach (118) Bemerkung 2 der Fall ist, wenn

$$A_m = \frac{2}{d} \int_0^d f(\lambda) \sin \frac{m\,\pi\,\lambda}{d}\, d\lambda \quad \ldots \ldots \ldots (121)$$

(120) und (121) enthalten die Lösung der Aufgabe.

Sei speziell $f(\lambda) = u_0$, d. h. die Platte ursprünglich gleichförmig temperiert; es wird dann:

$$A_m = \frac{2\,u_0}{m\,\pi}\,(1 - \cos m\,\pi),$$

also

$$A_1 = \frac{2}{\pi} \cdot 2 \cdot u_0 \qquad\qquad A_2 = 0,$$

$$A_3 = \frac{1}{3} \cdot \frac{2}{\pi} \cdot 2 \cdot u_0 \qquad A_4 = 0,$$

$$A_5 = \frac{1}{5} \cdot \frac{2}{\pi} \cdot 2 \cdot u_0 \qquad A_6 = 0 \text{ usw.}$$

Setzt man noch

$$\frac{d^2}{a^2\,\pi^2} = \theta,$$

so wird

$$u = \frac{4\,u_0}{\pi} \left\{ e^{-\frac{t}{\theta}} \cdot \sin \frac{\pi z}{d} + \frac{1}{3}\, e^{-9\frac{t}{\theta}} \cdot \sin \frac{3\,\pi z}{d} \right.$$
$$\left. + \frac{1}{5}\, e^{-25\frac{t}{\theta}} \cdot \sin \frac{5\,\pi z}{d} + \ldots \right\} \qquad \ldots (122)$$
$$\theta = \frac{d^2}{a^2\,\pi^2}$$

u stellt sich zur Zeit $t = 0$ dar als die Summe sinusförmiger Temperaturwellen

$$\frac{4\,u_0}{\pi} \cdot \sin \frac{\pi z}{d}, \qquad \frac{1}{3}\,\frac{4\,u_0}{\pi} \cdot \sin \frac{3\,\pi z}{d}, \ldots \quad \text{(Abb. 15)};$$

diese verklingen um so schneller, je höher ihre Ordnungszahl und nach einer gewissen meist kurzen Zeit bleibt nur die längste Welle $\frac{4\,u_0}{\pi} \cdot \sin \frac{\pi z}{d}$ merklich übrig.

Für Crownglas ist

$$k = 0{,}00163, \quad \varrho = 2{,}55, \quad c = 0{,}161, \quad a^2 = k/\varrho c = 0{,}00396.$$

Für $d = 1$ cm wird $\theta = \dfrac{d^2}{a^2\,\pi^2} = 25{,}6''$. Wird also die ursprünglich auf u_0 temperierte Platte plötzlich in eiskaltes Wasser gebracht und darin lebhaft bewegt, damit die Temperatur der

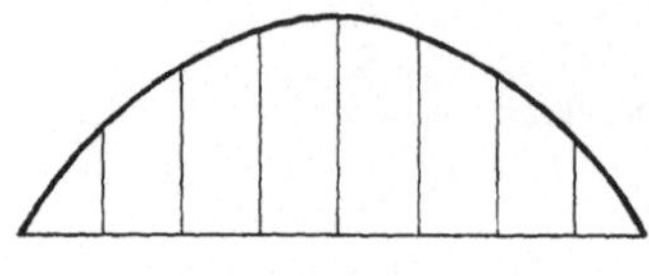

Oberfläche auf $0°$ erhalten werde,
so ist nach $25{,}6''$ die Temperatur in der Mitte der Platte
$u_0 \cdot \dfrac{4}{\pi} \cdot \dfrac{1}{e} = 0{,}46 \cdot u_0$. Für eine 1 mm
starke Platte findet dies schon
nach $0{,}''256$ statt, da θ dem Qua-
drat der Dicke proportional ist.

47. Die Platte habe ursprünglich
$(t = 0)$ überall die Temperatur 0^0,
werde aber zur Zeit $t = 0$ in $z = d$
auf U gebracht und gehalten, in
$z = 0$ dagegen dauernd auf 0^0 ge-

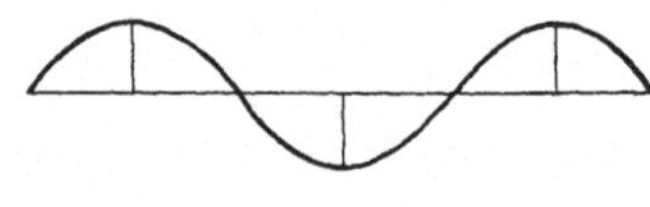

Abb. 15.

halten. Es ist also zu integrieren:

$$\text{a)} \quad \frac{\partial u}{\partial t} = a^2 \cdot \frac{\partial^2 u}{\partial z},$$

unter den Bedingungen

$$\text{b)} \ \begin{matrix} z = 0 \\ u = 0 \end{matrix} \qquad \text{c)} \ \begin{matrix} z = d \\ u = U \end{matrix} \qquad \text{d)} \ \begin{matrix} t = 0 \\ u = 0 \end{matrix} \qquad\Bigg\} \quad \dots (123)$$

Für den stationären Zustand ist

$$u = u_1 = U \cdot \frac{z}{d}.$$

u_1 genügt den Bedingungen (123) a), b), c). Bestimmt man noch

$$u = u_2$$

als Integral von (123) a) unter den Nebenbedingungen

$$z = 0, \qquad z = d, \qquad t = 0,$$

$$u = 0, \qquad u = 0, \qquad u = -\, U \cdot \frac{z}{d},$$

so genügt $u_1 + u_2$ allen Bedingungen, u_2 aber ist nach (120) und (121)

$$u_2 = \sum_1^{\infty} A_m\, e^{-m^2 \cdot \frac{t}{\theta}} \cdot \sin \frac{m\,\pi\,z}{d},$$

$$A_m = -\frac{2}{d} \cdot \int_0^d U \cdot \frac{\lambda}{d} \cdot \sin \frac{m\,\pi\,\lambda}{d} \cdot d\lambda.$$

Indem sich durch Integration nach Teilen ergibt

$$\int_0^d \lambda \sin \frac{m\,\pi\,\lambda}{d}\, d\lambda = -\frac{d^2}{m\,\pi} \cdot \cos(m\,\pi),$$

wird

$$A_m = \frac{2\,U}{m\,\pi} \cos(m\,\pi)$$

$$A_1 = -\frac{2\,U}{\pi}, \qquad A_2 = \frac{2\,U}{\pi} \cdot \frac{1}{2}, \qquad A_3 = -\frac{2\,U}{\pi} \cdot \frac{1}{3},$$

$$u = U \cdot \left\{ \frac{z}{d} - \frac{2}{\pi} \cdot \left(e^{-\frac{t}{\theta}} \cdot \sin \frac{\pi z}{d} - \frac{1}{2}\, e^{-4\frac{t}{\theta}} \cdot \sin \frac{2\,\pi z}{d} + \dots \right) \right\}. \quad (124)$$

48. Fortpflanzung des elektrischen Stromes in einem Kabel. Mathematisch identisch mit der Aufgabe des § 47 ist folgende: Ein Kabel von der Länge l, bis zur Zeit $t = 0$ beiderseits geerdet, wird zur Zeit $t = 0$ in $z = l$ auf die Spannung U gegen Erde gebracht und gehalten, in $z = 0$ dauernd geerdet. Es soll die Stromstärke als Funktion von z und t unter Vernachlässigung der Induktivität berechnet werden.

Sei I die Stromstärke, in der Richtung $+z$ positiv gerechnet.

$R_1,\, C_1$ Widerstand, Kapazität der Längeneinheit,
　$R,\, C$ Widerstand, Kapazität des ganzen Kabels,
　　u Spannung gegen Erde.

Den Zuwachs des Elements dz an elektrischer Ladung während der Zeit dt in zweierlei Weise ausdrückend, findet man

$$\left\{ I - \left(I + \frac{\partial I}{\partial z} \cdot dz \right) \right\} \cdot dt = \frac{\partial}{\partial t} (u\, C_1\, dz)\, dt$$

oder

$$-\frac{\partial I}{\partial z} = C_1 \cdot \frac{\partial u}{\partial t};$$

ferner nach dem Ohmschen Gesetz:

$$I = -q \cdot \varkappa \cdot \frac{\partial u}{\partial z} = -\frac{1}{R_1} \cdot \frac{\partial u}{\partial z}.$$

Indem man die zweite Gleichung nach z differentiiert und dann zur ersten addiert, ergibt sich

$$\left. \begin{array}{c} \dfrac{\partial u}{\partial t} = a^2 \dfrac{\partial^2 u}{\partial z^2}, \qquad a^2 = \dfrac{1}{R_1 C_1}, \\[2mm] \text{zu integrieren unter den Bedingungen} \\[2mm] z = 0, \qquad z = l, \qquad t = 0, \\[2mm] u = 0, \qquad u = U, \qquad u = 0. \end{array} \right\} \quad \ldots (125)$$

Die Lösung ist nach § 47 (124)

$$u = U \cdot \left\{ \frac{z}{l} - \frac{2}{\pi} \left(e^{-\frac{t}{\theta}} \sin \frac{\pi z}{l} - \frac{1}{2} e^{-4\frac{t}{\theta}} \cdot \sin \frac{2\pi z}{l} + \ldots \right) \right\} . \quad (126)$$

$$\theta = \frac{l^2}{a^2 \pi^2} = \frac{l^2 \cdot R_1 C_1}{\pi^2} = \frac{R C}{\pi^2}.$$

Die Stromstärke ist

$$I = -\frac{1}{R_1} \cdot \frac{\partial u}{\partial z}$$

$$= -\frac{U}{R_1} \left(\frac{1}{l} - \frac{2}{\pi} \left(e^{-\frac{t}{\theta}} \cdot \frac{\pi}{l} \cdot \cos \frac{\pi z}{l} - \frac{1}{2} e^{-4\frac{t}{\theta}} \frac{2\pi}{l} \cdot \cos \frac{2\pi z}{l} + \ldots \right) \right)$$

Daraus ergibt sich die Stromstärke in $z = 0$ (I_0), indem man noch beachtet, daß im stationären Zustand $I = I^0 = -\dfrac{U}{R}$,

$$I_0 = I^0 (1 - 2 (e^{-\frac{t}{\theta}} - e^{-4\frac{t}{\theta}} + e^{-9\frac{t}{\theta}} - + \ldots)), \quad . \quad . (127)$$

oder indem man setzt

$$\left. \begin{array}{c} e^{-\frac{t}{\theta}} = q \\[2mm] I_0 = I^0 (1 - 2q + 2q^4 - 2q^9 + - \ldots) = I_0 \cdot \Theta(0) \end{array} \right\} \quad . \quad . (128)$$

$\Theta(0)$ ist ein besonderer Fall der Jacobischen Θ-Funktion, für welche es Reihen und Tabellen gibt (H. A. Schwarz, Formeln zum Gebrauch der elliptischen Funktionen).

Für kleine q ist die obige Reihe brauchbar, für

$$\left.\begin{array}{l} \dfrac{1}{2} < q < 1 \\[2ex] \Theta(0) = \sqrt{\dfrac{\pi \log e}{-\log q}}\left\{2\,e^{\frac{\pi^2 \log e}{\log q}} + 2\,e^{9\frac{\pi^2 \log e}{\log q}\cdot\frac{1}{4}} + \ldots\right\} \end{array}\right\} \quad \cdot\;\cdot\;(129)$$

Man findet

q	$\Theta(0)$	t
1	0	0
$^3/_4$	eben merklich	$0{,}288\,\theta$
0,05	0,9	$2{,}379\,\theta$
0	1	∞

Der Strom in $z = 0$ wird also zur Zeit $0{,}288\,\theta$ eben merklich und hat nach $2{,}379\,\theta$ $^9/_{10}$ seines definitiven Wertes erreicht.

Für ein transatlantisches Kabel war $C = 1111\,\mu\text{F}$.

$$R = 7572\,\Omega, \qquad \theta = \frac{RC}{\pi^2} = \frac{7572\cdot 10^9 \cdot 1111 \cdot 10^{-15}}{\pi^2} = 0{,}853'',$$

$$0{,}288\,\theta = 0{,}245'', \qquad 2{,}379\,\theta = 2{,}03''.$$

Nach $0{,}245''$ wird der von Amerika entsandte Strom in Europa eben merklich, nach $2{,}03''$ hat er $^9/_{10}$ seines definitiven Wertes erreicht.

Nach (128) verhalten sich die Zeiten, nach denen der Strom einen bestimmten Bruchteil seines definitiven Wertes erreicht hat, für zwei gleichartige Kabel verschiedener Länge wie die Quadrate der Längen.

49. Vollkugel, Kugelschale. Für eine Kugel ist nach § 11 (30), indem u nur von der einen Raumkoordinate r abhängen soll:

$$\frac{\partial u}{\partial t} - a^2 \cdot \varDelta u = a^2 \cdot \left(\frac{\partial^2 u}{\partial r^2} + \frac{2}{r}\cdot\frac{\partial u}{\partial r}\right). \quad \cdot\;\cdot\;\cdot\;\cdot\;(130)$$

Wir setzen

$$u\cdot r = v, \;\ldots\ldots\ldots\ldots\;(131)$$

$$r\cdot\frac{\partial u}{\partial t} = \frac{\partial v}{\partial t}, \qquad r\cdot\frac{\partial u}{\partial r} + u = \frac{\partial v}{\partial r}, \qquad r\cdot\frac{\partial^2 u}{\partial r^2} + 2\frac{\partial u}{\partial r} = \frac{\partial^2 v}{\partial r^2},$$

also

$$\frac{\partial v}{\partial t} = a^2 \frac{\partial^2 v}{\partial r^2} \quad \dots \dots \dots \dots \quad (132)$$

1. Vollkugel, Halbmesser R

$$\left.\begin{array}{ll} r = R & t = 0 \\ u = 0 & u = f(r) \\ v = 0 & v = r \cdot f(r) \end{array}\right\} \quad \dots \dots \dots \quad (133)$$

Die Lösung dieses Systems ist nach § 46

$$\left.\begin{array}{l} v = \sum_{1}^{\infty} A_m \cdot e^{-m^2 \cdot \frac{t}{\theta}} \cdot \sin \frac{m \pi r}{R}, \\[2ex] \theta = \dfrac{R^2}{a^2 \pi^2}, \\[2ex] A_m = \dfrac{2}{R} \cdot \displaystyle\int_0^R \lambda \cdot f(\lambda) \cdot \sin \frac{m \pi \lambda}{R} \, d\lambda. \end{array}\right\} \quad \dots \dots \quad (134)$$

Setzen wir speziell $f(\lambda) = u_0$, also

$$t = 0, \quad u = u_0, \quad v = r \cdot u_0,$$

so wird nach § 46

$$A_m = - u_0 \cdot \frac{2 R}{m \pi} \cdot \cos (m \pi),$$

$$A_1 = u_0 \cdot \frac{2 R}{\pi}, \qquad A_2 = - u_0 \cdot \frac{2 R}{\pi} \cdot \frac{1}{2}, \qquad A_3 = u_0 \cdot \frac{2 R}{\pi} \cdot \frac{1}{3} \quad \text{usw.}$$

$$u = \frac{2 u_0}{\pi} \cdot \frac{R}{r} \cdot \left(e^{-\frac{t}{\theta}} \cdot \sin \frac{\pi r}{R} - \frac{1}{2} e^{-4\frac{t}{\theta}} \cdot \sin \frac{2 \pi r}{R} + - \dots \right). \quad (135)$$

und im Kugelmittelpunkt

$$u_{r=0} = 2 u_0 \cdot \left(e^{-\frac{t}{\theta}} - e^{-4\frac{t}{\theta}} + e^{-9\frac{t}{\theta}} - + \dots \right)$$

$$u_{r=0} = u_0 \cdot (1 - \Theta(0)) \quad \dots \dots \dots \dots \quad (136)$$

$$q = e^{-\frac{t}{\theta}}$$

Mittels der Tabelle § 47 ergibt sich hieraus, daß für $t = 0{,}288\,\theta$ die Abkühlung der Oberfläche im Zentrum eben anfängt merklich zu werden.

Die entsprechende Aufgabe für eine Kugelschale von den Halbmessern r_1 und r_2 $(r_2 > r_1)$ der begrenzenden Kugelflächen wird dargestellt durch das System

$$\frac{\partial v}{\partial t} = a^2 \cdot \frac{\partial^2 v}{\partial r^2} \qquad \begin{array}{l} r = r_1 \\ r = r_2 \end{array} \quad \left\{ \begin{array}{l} u = 0 \\ v = 0 \end{array} \right. \quad \left\{ \begin{array}{l} t = 0 \\ u = f(r) \\ v = r \cdot f(r) \end{array} \right. \qquad (137)$$

Wir setzen $r' = r - r_1$, $r_2 - r_1 = b$ und erhalten dadurch statt des vorstehenden das System

$$\frac{\partial v}{\partial t} = a^2 \cdot \frac{\partial^2 v}{\partial r'^2} \qquad \begin{array}{l} r' = 0 \\ r' = b \end{array} \quad \left\{ \begin{array}{l} u = 0 \quad t = 0 \\ v = 0 \quad v = (r' + r_1) \cdot f(r' + r_1) = F(r'). \end{array} \right.$$

Die Lösung ist nach § 46

$$v = \sum A_m e^{-\frac{t}{\theta} \cdot m^2} \cdot \sin \frac{m \pi r'}{b},$$

$$\theta = \frac{b^2}{a^2 \pi^2},$$

$$A_m = \frac{2}{b} \cdot \int_0^b F(\lambda) \cdot \sin \frac{m \pi \lambda}{b} \, d\lambda.$$

Für den Spezialfall $f(r) = u_0$ wird

$$F(r') = u_0 (r' + r_1), \qquad F(\lambda) = u_0 (\lambda + r_1).$$

Man findet

$$A_m = \frac{2 u_0}{b} \cdot \left[-\frac{b^2}{m \pi} \cdot \cos (m \pi) + \frac{r_1 b}{m \pi} (1 - \cos m \pi) \right]$$

oder, indem man berücksichtigt, daß $b + r_1 = r_2$,

$$A_m = \frac{2 u_0}{m \pi} (r_1 - r_2 \cos m \pi),$$

$$A_1 = \frac{2 u_0}{\pi} (r_1 + r_2), \qquad A_2 = \frac{2 u_0}{\pi} \cdot \frac{1}{2} (r_1 - r_2),$$

$$A_3 = \frac{2 u_0}{\pi} \cdot \frac{1}{3} (r_1 + r_2), \; \ldots$$

$$u = \frac{2 u_0}{\pi} \cdot \frac{1}{r} \left\{ (r_2 + r_1) e^{-\frac{t}{\theta}} \cdot \sin \frac{\pi (r - r_1)}{r_2 - r_1} \right.$$

$$\left. + \frac{1}{2} (r_2 - r_1) e^{-4 \frac{t}{\theta}} \cdot \sin \frac{2 \pi (r - r_1)}{r_2 - r_1} + \ldots \right\} . \qquad (138)$$

In der Mitte der Kugelschale ist $r = \frac{1}{2}(r_1 + r_2)$, also $r - r_1 = \frac{1}{2}(r_2 - r_1)$, so findet man

$$u_{r=\frac{1}{2}(r_1+r_2)} = \frac{4\,u_0}{\pi}\left(e^{-\frac{t}{\theta}} - \frac{1}{3}\cdot e^{-9\frac{t}{\theta}} + \frac{1}{5}\cdot e^{-25\frac{t}{\theta}}\ldots\right). \quad (139)$$

50. Methode zur Integration der Gleichung $\dfrac{\partial u}{\partial t} = a^2\cdot\dfrac{\partial^2 u}{\partial z^2}$.

Die Aufgabe des § 46, (119):

$$\frac{\partial u}{\partial t} = a^2\cdot\frac{\partial^2 u}{\partial z^2} \qquad \begin{cases} z = 0 \\ z = \lambda \end{cases} \quad u = 0 \qquad \begin{aligned} t &= 0 \\ u &= f(z) \end{aligned}$$

kann auch gelöst werden, indem man ausgeht von der Annahme $u = T\cdot Z$, wo T nur von t, Z nur von z abhängt.

Die Substitution in die Differentialgleichung liefert:

$$\frac{1}{T}\cdot\frac{dT}{dt} = a^2\cdot\frac{1}{Z}\cdot\frac{d^2 Z}{dz^2} = -\frac{1}{\tau},$$

wo τ weder von t noch von z abhängt. Daraus $T = e^{-\frac{t}{\tau}}$

$\dfrac{d^2 Z}{dz^3} = -\dfrac{Z}{a^2\tau}$ oder indem $y\cdot a\sqrt{\tau} = z$ gesetzt wird

$$\frac{d^2 Z}{dy^2} = -Z.$$

Zur Integration durch eine Potenzreihe setzen wir

$$Z = a + by + cy^2 + dy^3 + ey^4 + \cdots$$

$$\frac{d^2 Z}{dy^2} = 2c + 3\cdot 2\,d\cdot y + 4\cdot 3\,e\cdot y^2 + \cdots.$$

Daraus

$$a + 2c = 0 \qquad c = -\frac{a}{1\cdot 2}$$

$$b + 3\cdot 2\,d = 0 \qquad d = -\frac{b}{1\cdot 2\cdot 3}$$

$$c + 4\cdot 3\,e = 0 \qquad e = -\frac{c}{3\cdot 4} = \frac{a}{1\cdot 2\cdot 3\cdot 4}$$

$$d + 5\cdot 4\,f = 0 \qquad f = -\frac{d}{5\cdot 4} = \frac{b}{1\cdot 2\cdot 3\cdot 4\cdot 5}$$

$$Z = a\left(1 - \frac{y^2}{1\cdot 2} + \frac{y^4}{1\cdot 2\cdot 3\cdot 4} - + \cdots\right)$$

$$+ b\left(y - \frac{1}{1\cdot 2\cdot 3}\cdot y^3 + \frac{1}{1\cdot 2\cdots 5}\cdot y^5 + \cdots\right).$$

Die Reihen sind die bekannten Funktionen $\cos y$ und $\sin y$, deren Werte in Tabellen gegeben sind. Also $Z = a \cos y + b \sin y$

$$u = e^{-\frac{t}{\tau}} \left(a \cos \frac{z}{a \sqrt{\tau}} + b \cdot \sin \frac{z}{a \sqrt{\tau}} \right),$$

wo a, b, τ Konstanten sind. Man gelangt von diesem Werte leicht zu der Lösung der Aufgabe. Dieser Weg ist umständlicher als der des § 46 und wurde nur eingeschlagen, um das Folgende leichter verständlich zu machen.

51. Kreiszylinder, Besselsche Funktionen. Ein unendlich langer Kreiszylinder sei ursprünglich $(t = 0)$ so temperiert, daß u eine Funktion der Achsendistanz $r = \sqrt{x^2 + y^2}$ ist. Die Mantelfläche werde zur Zeit 0 auf die Temperatur 0 gebracht, gesucht u als Funktion von r und t.

Nach § 11, Gl. (30) ist für das Innere

$$\frac{\partial u}{\partial t} = a^2 \Delta u = a^2 \left(\frac{\partial^2 u}{\partial r^2} + \frac{1}{r} \frac{\partial u}{\partial r} \right).$$

Hierzu kommen die Nebenbedingungen, indem c der Halbmesser des Zylinders

$$r = c \qquad t = 0$$
$$u = 0 \qquad u = f(r)$$

$$(140)$$

Wir setzen wieder

$$u = R \cdot T, \quad \ldots \ldots \ldots \ldots \quad (141)$$

wo R nur von r, T nur von t abhängt, die Substitution in die Differentialgleichung liefert

$$\frac{1}{T} \cdot \frac{dT}{dt} = \frac{a^2}{R} \left(\frac{d^2 R}{dr^2} + \frac{1}{r} \frac{dR}{dr} \right) = -\frac{1}{\tau} \quad \ldots \quad (142)$$

wo τ von r sowohl wie von t unabhängig ist. Es folgt

$$T = e^{-\frac{t}{\tau}} \quad \ldots \ldots \ldots \ldots \quad (143)$$

$$\frac{d^2 R}{dr^2} + \frac{1}{r} \frac{dR}{dr} + \frac{R}{a^2 \tau} = 0, \text{ oder, indem } r = y \cdot a \sqrt{t} \text{ gesetzt wird,}$$

$$\frac{d^2 R}{dy^2} + \frac{1}{y} \frac{dR}{dy} + R = 0 \quad \ldots \ldots \ldots \quad (144)$$

Wir versuchen durch eine Potenzreihe zu integrieren:

$$R = a + by + cy^2 + dy^3 + ey^4 + fy^5 + \cdots$$

$$\frac{1}{y}\frac{dR}{dy} = \frac{b}{y} + 2c + 3dy + 4ey^2 + 5fy^3 + \cdots$$

$$\frac{d^2R}{dy^2} = 2c + 3\cdot2\cdot d\cdot y + 4\cdot3\cdot e\cdot y^2 + 5\cdot4\cdot f\cdot y^3 + \cdots,$$

woraus

$$b = 0 \qquad b = 0$$

$$a + 2^2\cdot c = 0 \qquad c = -a\cdot\frac{1}{1\cdot1}\cdot\frac{1}{2^2}$$

$$d = 0 \qquad d = 0$$

$$c + 2^4e = 0 \qquad e = a\cdot\frac{1}{1\cdot2\cdot1\cdot2}\cdot\frac{1}{2^4}$$

$$f = 0 \qquad f = 0$$

$$e + 36g = 0 \qquad g = -a\cdot\frac{1}{1\cdot2\cdot3\cdot1\cdot2\cdot3}\cdot\frac{1}{2^6} \quad \text{usw.}$$

$$R = a\cdot\left\{1 - \frac{1}{1\cdot1}\cdot\frac{1}{2^2}\cdot y^2 + \frac{1}{1\cdot2\cdot1\cdot2}\cdot\frac{1}{2^4}\cdot y^4\right.$$

$$\left. - \frac{1}{1\cdot2\cdot3\cdot1\cdot2\cdot3}\cdot\frac{1}{2^6}\cdot y^6 + \cdots\right\} \quad \cdots \quad (145)$$

Die Reihe ist eine neue Funktion von y, deren Werte für verschiedene Argumente y durch Tabellen, ähnlich wie die Werte trigonometrischer Funktionen, gegeben sind. Man bezeichnet diese Funktion durch $J_0(y)$. Die Definition von $J_0(x)$ ist demnach

$$J_0(x) = 1 - \frac{1}{1\cdot1}\cdot\left(\frac{x}{2}\right)^2 + \frac{1}{1\cdot2\cdot1\cdot2}\cdot\left(\frac{x}{2}\right)^4$$

$$- \frac{1}{1\cdot2\cdot3\cdot1\cdot2\cdot3}\cdot\left(\frac{x}{2}\right)^6 + - \cdots \quad \cdot \quad (146)$$

$J_0(x)$ heißt die Besselsche Funktion erster Art 0-ter Ordnung und kann auch definiert werden als dasjenige partikuläre Integral der Gl. (144), welches für $x = 0$ gleich 1 wird.

Einige Eigenschaften von $J_0(x)$. Es ist

$$\frac{dJ_0(x)}{dx} = -\frac{x}{2} + \frac{1}{2^2}\cdot\frac{x^3}{4} - \frac{1}{2^6}\cdot\frac{x^5}{6} + - \ldots \quad . \quad . \quad (147)$$

$$\int\limits_0^x J_0(x)\,x\,dx = \frac{x^2}{2} - \frac{1}{2^2}\cdot\frac{x^4}{4} + \frac{1}{2^6}\cdot\frac{x^6}{6} - + \ldots \quad . \quad . \quad (148)$$

Indem man setzt

$$J_1(x) = -\frac{dJ_0(x)}{dx},$$

wird $\qquad\qquad\qquad\qquad\qquad\qquad\qquad\qquad\qquad$ . . . . . (149)

$$x\cdot J_1(x) = \int\limits_0^x J_0(x)\cdot x\,dx.$$

Folgende Werte von $J_0(x)$ und $J_1(x)$ sind den Tabellen bei Jahncke und Emde entnommen. In Abb. 16 sind $J_0(x)$ und $J_1(x)$ zwischen $x = 0$ und $x = 11{,}8$ graphisch dargestellt.

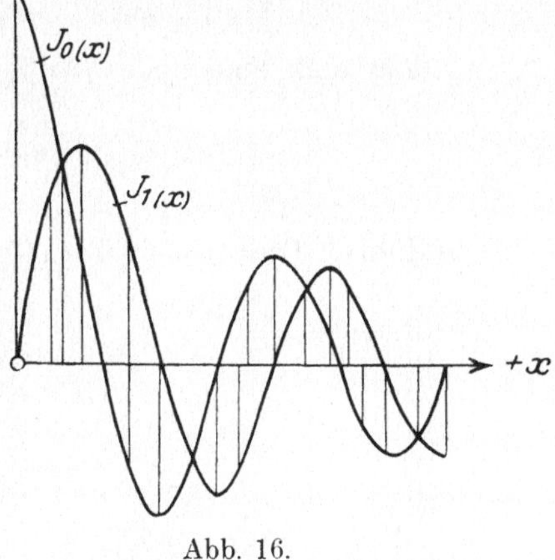

Abb. 16.

x	$J_0(x)$	$J_1(x)$
0	1	0
2,4048	0	$+0{,}5191$
3,83	$-0{,}4028$	$+0{,}0007$
5,5201	0	$-0{,}3403$
7,00	$+0{,}300$	$-0{,}0047$
8,6537	0	$+0{,}2715$
10,18	$-0{,}2497$	$-0{,}0016$
11,7915	0	$-0{,}2325$

$J_0(x)$ hat Ähnlichkeit mit $\cos x$, $J_1(x)$ mit $\sin x$, auch ist ja $\dfrac{d\cos x}{dx} = -\sin x$. $J_0(x)$ und $J_1(x)$ sind aber nicht periodisch nach x, die Amplituden nehmen mit wachsendem x ab.

Wichtig sind die Wurzeln der Gleichung $J_0(x) = 0$, welche durch $x_1, x_2, x_3 \ldots x_m$ bezeichnet seien. Nach den Tabellen ist

$$\begin{array}{cccc} x_1 & x_2 & x_3 & x_4 \\ 2{,}4048 & 5{,}5201 & 8{,}6537 & 11{,}7915 \end{array} \quad . \quad . \quad . \quad . \quad (150)$$

Die Differenzen zweier aufeinanderfolgender Wurzelwerte nähern sich mit wachsender Ordnungszahl der Zahl π.

In der Theorie der Besselschen Funktionen wird bewiesen, daß jede Funktion $f(x)$ sich für $0 < x < c$ nach Besselschen Funktionen entwickeln läßt, nämlich

$$\left. \begin{aligned} f(x) &= \sum A_m \cdot J_0\left(x_m \cdot \frac{x}{c}\right), \\ A_m &= \frac{2}{(J_1(x_m))^2} \cdot \frac{1}{c^2} \cdot \int_0^c f(\lambda)\, J_0\left(x_m\, \frac{\lambda}{c}\right) \lambda\, d\lambda \end{aligned} \right\} \quad .\ . (151)$$

wo

Ist speziell $f(\lambda) = u_0$, so ist zu bilden

$$\int_0^c J_0\left(x_m\, \frac{\lambda}{c}\right) \lambda\, d\lambda = \int_0^{x_m} J_0(\alpha)\, \alpha \cdot \left(\frac{c}{x_m}\right)^2 \cdot d\alpha,$$

indem man eine neue Variable

$$\alpha = x_m \cdot \frac{\lambda}{c}$$

einführt. Dies ist nach (149) $\left(\dfrac{c}{x_m}\right)^2 \cdot x_m \cdot J_1(x_m)$, und so wird schließlich

$$\left. \begin{aligned} A_m &= \frac{2\, u_0}{x_m \cdot J_1(x_m)} \\ f(\lambda) &= u_0 \end{aligned} \right\} \quad .\ .\ .\ .\ .\ .\ .\ . (152)$$

Nach (141), (143), (145) genügt der Differentialgleichung

$$\frac{\partial u}{\partial t} = a^2 \left(\frac{\partial^2 u}{\partial r^2} + \frac{1}{r}\, \frac{\partial u}{\partial r}\right) \quad \text{der Ausdruck}$$

$$u = R\, T = A \cdot e^{-\frac{t}{\tau}} \cdot J_0\left(\frac{r}{a\sqrt{\tau}}\right).$$

Ferner soll sein

$$\left. \begin{aligned} r &= c \\ u &= 0 \end{aligned} \right\}, \quad \text{also } J_0\left(\frac{c}{a\sqrt{\tau}}\right) = 0$$

oder

$$\frac{c}{a\sqrt{\tau_m}} = x_m, \qquad \tau_m = \frac{c^2}{a^2 x_m^2}, \quad \dots \dots \quad (153)$$

und ein dieser Nebenbedingung genügendes Integral der Differentialgleichung ist

$$u = \sum A_m \cdot e^{-\frac{t}{\tau_m}} \cdot J_0\left(\frac{r\,x_m}{c}\right). \quad \dots \dots \quad (154)$$

Endlich wird der letzten Nebenbedingung $\begin{cases} t = 0 \\ u = f(r) \end{cases}$ genügt, wenn man A_m den Wert der Gl. (151) beilegt, welcher für $f(r) = u_0$ in den Wert (152) übergeht.

Wird also die Mantelfläche eines sehr langen Vollzylinders der Temperatur u_0 zur Zeit 0 auf 0^0 gebracht, so ist

$$\left.\begin{aligned} u &= \sum A_m \cdot e^{-\frac{t}{\tau_m}} J_0\left(\frac{r\,x_m}{c}\right), \\ \tau_m &= \frac{c^2}{a^2 x_m^2}, \qquad A_m = \frac{2\,u_0}{x_m\,J_1(x_m)} \end{aligned}\right\} \quad \dots \quad (155)$$

Die folgende Tabelle enthält die Berechnung der vier ersten Werte A_m

m	x_m	$J_1(x_m)$	A_m
1	2,4048	$+\,0{,}5191$	$1{,}602\,u_0$
2	5,5201	$-\,0{,}3403$	$-\,1{,}066\,u_0$
3	8,6537	$+\,0{,}2715$	$+\,0{,}856\,u_0$
4	11,7915	$-\,0{,}2325$	$-\,0{,}730\,u_0$

In der Achse $(r = 0)$ wird, da $J_0(0) = 1$,

$$u_{r=0} = u_0 \cdot \left(1{,}602 \cdot e^{-\frac{t}{\tau_1}} - 1{,}066\,e^{-\frac{t}{\tau_2}} + \dots\right) \quad \dots \quad (156)$$

Z. B. für Crownglas $a^2 = 0{,}00396$, für $c = 1$ cm wird $\tau_1 = 43{,}7''$ $\tau_2 = 8{,}29''$, nach $t = 43{,}7''$ ist $e^{-\frac{t}{\tau_1}} = \frac{1}{e}$, das folgende Glied bereits zu vernachlässigen und in der Achse u auf rund $0{,}6\,u_0$ gesunken.

IV. Flüssigkeitsreibung (Viskosität).

1. Allgemeine Theorie.

52. Newtons Gesetz der Flüssigkeitsreibung. Eine Flüssigkeit bewege sich gemäß der Gleichung $u = f(z)$, wo u die nach der x-Achse gerichtete Geschwindigkeit bedeutet. Eine Ebene S senkrecht zur z-Achse hat eine positive und eine negative Seite, jene nach wachsendem, diese nach abnehmendem z sich erstreckend. Nach Newton übt die negative auf die positive Seite einen tangentialen Druck parallel x aus, welcher für die Flächeneinheit von S gleich $-\mu \cdot \dfrac{\partial u}{\partial z}$ ist und Reibung heißt.

μ ist der von u unabhängige Reibungskoeffizient der Flüssigkeit. Den gleichen und entgegengesetzten Druck übt die positive Seite auf die negative aus. Nach dem Begriff der Kraft kann man statt dessen auch sagen, der Fluß der Bewegungsgröße parallel x von der negativen nach der positiven Seite, d. h. die Bewegungsgröße, welche pro Flächen- und Zeiteinheit von der negativen zur positiven Seite geht, ist gleich dem Reibungskoeffizienten multipliziert mit dem Geschwindigkeitsgefälle in dieser Richtung, ebenso wie der Wärmefluß, wenn man unter u die Temperatur versteht, gleich dem Wärmeleitungsvermögen $\times$ Temperaturgefälle ist (§ 6). Hieraus geht die Analogie zwischen Reibung und Wärmeleitung hervor. Doch ist der Vorgang der Reibung komplizierter, weil Bewegungsgröße eine Richtungsgröße ist, Wärme aber nicht.

53. Die Druckkomponenten X_n, Y_n, Z_n, ausgedrückt durch die sechs unabhängigen Druckkomponenten X_x, Y_y, Z_z, X_y, Y_z, Z_x. In einer beliebig bewegten Flüssigkeit trenne, wie in § 5, eine geschlossene Fläche S die Teile B und A. A übt auf B Drucke aus, welche für ein Element dS, dessen nach dem Innern von B gerichtete Normale n sei, die Komponenten X_n, Y_n, Z_n nach den Koordinaten haben mögen. Auf das Innere der Flüssigkeit mögen Kräfte[1] wirken, welche für ein Volumelement $d\tau$ $X d\tau$, $Y d\tau$, $Z d\tau$ seien. Fügt man noch die an $d\tau$ wirkenden Trägheits-

---

[1] Gravitationskräfte, elektrische, magnetische Kräfte.

widerstände mit den Komponenten $-\varrho \, d\tau \cdot \dfrac{du}{dt}$, $-\varrho \, d\tau \dfrac{dv}{dt}$, $-\varrho \, d\tau \cdot \dfrac{dw}{dt}$ hinzu, so müssen alle diese Kräfte, die auf die Oberfläche und das Innere von B wirken, sich das Gleichgewicht halten, d. h. es müssen drei Gleichungen bestehen, von denen die auf die x-Richtung bezügliche lautet:

$$\int \left(X - \varrho \, \frac{du}{dt} \right) d\tau + \int X_n \, dS = 0 \; . \; . \; . \; . \; . \; (157)$$

Sei erstens B wie im § 5 ein unendlich kleines Tetraeder von den Kanten dx, dy, dz und der Schlußfläche f. Unter Berücksichtigung der Gl. (11) § 5 erhält man, indem man das Glied in $d\tau$, weil von höherer Ordnung, streicht

$$\left. \begin{aligned} X_n &= X_x \cos(n,\,x) + X_y \cos(n,\,y) + X_z \cos(n,\,z) \\ \text{ebenso} \quad Y_n &= Y_x \cos(n,\,x) + Y_y \cos(n,\,y) + Y_z \cos(n,\,z) \\ Z_n &= Z_x \cos(n,\,x) + Z_y \cos(n,\,y) + Z_z \cos(n,\,z) \end{aligned} \right\} \; . \; (158)$$

Sei zweitens B wie im § 5 ein unendlich kleines Parallelepiped von den Kanten dx, dy, dz. Wegen des Gleichgewichts der Kräfte muß die Summe der Drehungsmomente um die durch den Schwerpunkt gehende mit der z-Achse parallele Achse verschwinden. Die auf das Innere wirkenden Kräfte liefern, weil durch den Schwerpunkt gehend, keinen Beitrag, ebensowenig X_x, X_z, Y_y, Y_z, weil durch die Achse gehend, und Z_x, Z_y, Z_z, weil mit der Achse parallel. Dagegen liefern die Drucke Y_x auf den zu x senkrechten Flächen das Drehungsmoment $-Y_x \, dx \cdot dy \, dz$, die Drucke X_y auf den zu y senkrechten Flächen das Drehungsmoment $+X_y \, dy \cdot dx \, dz$. Daraus folgt

$$X_y = Y_x, \quad \text{ebenso} \quad Y_z = Z_y, \quad Z_x = X_z \; . \; . \; . \; (159)$$

Diese Gleichungen in Verbindung mit (158) zeigen, daß die auf ein beliebig gerichtetes Flächenelement wirkenden Druckkomponenten X_n, Y_n, Z_n bestimmt sind, wenn die sechs unabhängigen Werte X_x, Y_y, Z_z, X_y, Y_z, Z_x gegeben sind.

Indem man ferner ausdrückt, daß die Summe der x Komponenten für das Parallelepiped verschwindet, erhält man

$$\sigma = d\tau\left(X - \varrho\,\frac{du}{dt}\right) + dy\,dz\left[X_x - \left(X_x + \frac{\partial X_x}{\partial x}\,dx\right)\right]$$

$$+\, dz\,dx\left[X_y - \left(X_y + \frac{\partial X_y}{\partial y}\,dy\right)\right]$$

$$+\, dx\,dy\left[X_z - \left(X_z + \frac{\partial X_z}{\partial z}\,dz\right)\right]$$

oder
$$X - \varrho\,\frac{du}{dt} = \frac{\partial X_x}{\partial x} + \frac{\partial X_y}{\partial y} + \frac{\partial X_z}{\partial z},$$

ebenso
$$\left.\begin{aligned} Y - \varrho\,\frac{dv}{dt} &= \frac{\partial Y_x}{\partial x} + \frac{\partial Y_y}{\partial y} + \frac{\partial Y_z}{\partial z}, \\[2mm] Z - \varrho\,\frac{dw}{dt} &= \frac{\partial Z_x}{\partial x} + \frac{\partial Z_y}{\partial y} + \frac{\partial Z_z}{\partial z}. \end{aligned}\right\} \quad \ldots (160)$$

Zieht man in Betracht, daß in der Zeit dt ein Raumelement sich von der Stelle bewegt, so erkennt man, daß

$$\frac{du}{dt} = \frac{\partial u}{\partial t} + \frac{\partial u}{\partial x}\cdot\frac{\partial x}{\partial t} + \frac{\partial u}{\partial y}\cdot\frac{\partial y}{\partial t} + \frac{\partial u}{\partial z}\cdot\frac{\partial z}{\partial t}$$

oder
$$\frac{du}{dt} = \frac{\partial u}{\partial t} + u\cdot\frac{\partial u}{\partial x} + v\cdot\frac{\partial u}{\partial y} + w\cdot\frac{\partial u}{\partial z} \quad \ldots (161)$$

und daß entsprechende Gleichungen für $\dfrac{dv}{dt}$ und $\dfrac{dw}{dt}$ gelten.

Indem man den Massenzuwachs des Elements $d\tau$ in zweifacher Weise ausdrückt, findet man

$$\frac{\partial(\varrho\,d\tau)}{\partial t} = dy\,dz\left[\varrho u - \left(\varrho u + \frac{\partial(\varrho u)}{\partial x}\,dx\right)\right]$$

$$+\, dz\,dx\left[\varrho v - \left(\varrho v + \frac{\partial(\varrho v)}{\partial y}\,dy\right)\right]$$

$$+\, dx\,dy\left[\varrho w - \left(\varrho w + \frac{\partial(\varrho w)}{\partial z}\,dz\right)\right]$$

oder die sogenannte Kontinuitätsgleichung

$$\frac{\partial\varrho}{\partial t} + \frac{\partial(\varrho u)}{\partial x} + \frac{\partial(\varrho v)}{\partial y} + \frac{\partial(\varrho w)}{\partial z} = 0 \quad \ldots (162)$$

Finden Dichtigkeitsänderungen nicht statt, handelt es sich z. B. um eine inkompressible Flüssigkeit, so wird

$$\frac{\partial u}{\partial x} + \frac{\partial v}{\partial y} + \frac{\partial w}{\partial z} = 0 \quad \ldots \ldots \ldots \quad (163)$$

54. Werte der sechs unabhängigen Druckkomponenten. Differentialgleichungen für unendlich kleine Bewegungen. Die Werte der Druckkomponenten X_x, X_y usw. kann man unter gewissen Annahmen theoretisch bestimmen, was z. B. von Poisson und Stokes geschehen ist. Wir wollen, Kirchhoff[1]) folgend, diese Werte ohne Beweis übernehmen. Wenn Dichtigkeitsänderungen nicht stattfinden, so ist

$$X_x = p - 2\,\mu\,\frac{\partial u}{\partial x}, \qquad Y_y = p - 2\,\mu\,\frac{\partial v}{\partial y},$$

$$Z_z = p - 2\,\mu\,\frac{\partial w}{\partial z},$$

$$X_y = -\,\mu\left(\frac{\partial u}{\partial y} + \frac{\partial v}{\partial x}\right), \qquad Y_z = -\,\mu\left(\frac{\partial v}{\partial z} + \frac{\partial w}{\partial y}\right),$$

$$Z_x = -\,\mu\left(\frac{\partial w}{\partial x} + \frac{\partial u}{\partial z}\right),$$

$$\qquad\qquad\qquad\qquad\qquad\qquad\qquad\qquad\qquad (164)$$

wo p den auf ein Flächenelement ausgeübten senkrechten Druck bedeutet.

Die vorstehenden Druckkomponenten, mit $\mu = 0$ in Gl. (160) eingesetzt, liefern die Eulerschen hydrodynamischen Gleichungen, welche also für eine reibungslose Flüssigkeit gelten.

Wir wollen im folgenden annehmen, daß auf das Innere der Flüssigkeit keine Kräfte wirken ($X = Y = Z = 0$), die erste der Gl. (160) liefert dann in Verbindung mit den Gl. (164)

$$-\,\varrho\,\frac{du}{dt} = \frac{\partial p}{\partial x} - 2\,\mu\,\frac{\partial^2 u}{\partial x^2} - \mu\left(\frac{\partial^2 u}{\partial y^2} + \frac{\partial v}{\partial x\,\partial y}\right) - \mu\left(\frac{\partial^2 w}{\partial x\,\partial z} + \frac{\partial^2 u}{\partial z^2}\right)$$

oder nach Gl. (163), da Dichtigkeitsänderungen ausgeschlossen sind,

---

[1]) **Kirchhoff, G.:** Vorlesungen über analytische Mechanik. S. 124. Leipzig: B. G. Teubner 1894.

$$\varrho\,\frac{du}{dt} = \mu\cdot\varDelta u - \frac{\partial p}{\partial x},$$

ebenso $\qquad\qquad \varrho\,\dfrac{dv}{dt} = \mu\cdot\varDelta v - \dfrac{\partial p}{\partial y},\qquad \Bigg\}\ \ \ldots\ldots\ (165)$

$$\varrho\,\frac{dw}{dt} = \mu\cdot\varDelta w - \frac{\partial p}{\partial z}.$$

Wir werden uns in den §§ 55 bis 59 auf Fälle beschränken, in welchen die Bewegungen der Flüssigkeit als unendlich klein angesehen werden dürfen, das bringt mit sich, daß $\dfrac{du}{dt} = \dfrac{\partial u}{\partial t}$ usw. und daß, auch für gasförmige Flüssigkeiten, die Dichte ϱ und der Druck p als konstant angenommen werden dürfen. Die Gleichungen für das Innere lauten dann

$$\varrho\,\frac{\partial u}{\partial t} = \mu\cdot\varDelta u,\qquad \varrho\,\frac{\partial v}{\partial t} = \mu\cdot\varDelta v,\qquad \varrho\,\frac{\partial w}{\partial t} = \mu\cdot\varDelta w\ .\ \ (166)$$

Diese Gleichungen sind völlig analog der Gleichung des § 19 für die Temperatur in einem wärmeleitenden Körper ohne innere Wärmequellen ($w = 0$).

Ferner soll die Flüssigkeit an feste Körper grenzen und als Grenzbedingung in den §§ 55 bis 59 angenommen werden, daß die Flüssigkeit an der Oberfläche des festen Körpers haftet, also Gleitung der Flüssigkeit an dem festen Körper nicht stattfindet.

Wir werden im folgenden die Theorie von Versuchen entwickeln, welche zur experimentellen Bestimmung von μ (der Viskosität) geführt haben.

2. Anwendungen.

55. Schwingungen einer kreisförmigen Scheibe in einer unendlich ausgedehnten Flüssigkeit. Bei einer älteren nach Coulombs Vorgang von O. E. Meyer[1]) benutzten Methode wird eine ebene kreisförmige, an einem Draht in der Flüssigkeit aufgehängte Scheibe in drehende Schwingungen versetzt; die angrenzende Flüssigkeit wird dann durch äußere Reibung mitgenommen und die Bewegung auf die folgenden Schichten

---

[1]) Meyer, O. E.: Pogg. Ann. Bd. 133, S. 55. 1861.

durch innere Reibung fortgepflanzt. Auf die schwingende Scheibe wird dabei durch Reibung ein dämpfendes Drehungsmoment ausgeübt und die daraus hervorgehende Dämpfung wird gemessen. Wenn man die Oberfläche der Flüssigkeit mit Korkpulver bestreut, so bemerkt man, daß die Korkteilchen bei der drehenden Bewegung der Oberfläche ihre relative Lage nicht ändern. Die Winkelgeschwindigkeit ändert sich also nur mit der Entfernung von der schwingenden Scheibe. Wir wollen nun den Durchmesser der Scheibe so groß annehmen, daß wir von der komplizierten Flüssigkeitsbewegung in der Nähe ihres Randes absehen und voraussetzen dürfen, daß die Flüssigkeitsbewegung auf die senkrecht über der Scheibe gelegenen Flüssigkeitsteilchen beschränkt bleibt. Wir legen den Anfang der Koordinaten in den Mittelpunkt der Scheibe, richten die positive z-Achse vertikal aufwärts und führen in der xy Ebene Polarkoordinaten r, θ ein, so daß

$$x = r\cos\theta, \qquad y = r\sin\theta \ \ . \ . \ . \ . \ . \ (167)$$

q sei die Geschwindigkeit der drehenden Bewewegung, so daß

$$u = -q\sin\theta, \qquad v = q\cos\theta, \qquad w = 0, \ \ . \ . \ (168)$$

wofür man, wenn $\omega = q/r$ die Winkelgeschwindigkeit ist. mit Berücksichtigung von (167) auch schreiben kann

$$u = -y\cdot\omega, \qquad v = x\omega, \qquad w = 0 \ . \ . \ . \ . \ (169)$$

Nach den gemachten Annahmen wird

$$\frac{\partial u}{\partial x} = 0, \qquad \frac{\partial u}{\partial y} = -\omega, \qquad \frac{\partial u}{\partial z} = -y\cdot\frac{\partial\omega}{\partial z} \ \ . \ . \ (170)$$

und

$$\frac{\partial^2 u}{\partial x^2} = 0, \qquad \frac{\partial^2 u}{\partial y^2} = 0, \qquad \frac{\partial^2 u}{\partial z^2} = -y\cdot\frac{\partial^2\omega}{\partial z^2},$$

also

$$\Delta u = -y\cdot\frac{\partial^2\omega}{\partial z^2},$$

und da $\dfrac{\partial u}{\partial t} = -y\cdot\dfrac{\partial\omega}{\partial t}$, liefert die erste der Gleichungen (166)

$$\frac{\partial\omega}{\partial t} = \frac{\mu}{\varrho}\cdot\frac{\partial^2\omega}{\partial z^2} = a^2\cdot\frac{\partial^2\omega}{\partial z^2} \ . \ \ . \ . \ . \ . \ (171)$$

56. Es möge die Flüssigkeitsoberfläche so weit von der Scheibe entfernt sein, daß die Bewegung dieser bis zu jener sich nicht merklich fortpflanzt. Ferner wollen wir zunächst annehmen, daß die Scheibe in einer konstanten ungedämpften Schwingungsbewegung erhalten werde. Es ist dann die Gl. (171) zu integrieren unter den Bedingungen

$$z = 0 \qquad\qquad\qquad z = \infty$$
$$\left.\begin{array}{ll} \omega = \omega_0 \cos 2\,\pi\,\dfrac{t}{\tau} & \omega = 0 \end{array}\right\} \quad \cdots \cdots \quad (171\,\mathrm{a})$$

Das dem stationären, vom Anfangszustand unabhängigen Schwingungszustand entsprechende Integral ist nach § 31, Gl. (93) und (96)

$$\left.\begin{array}{c} \omega = \omega_0 \cdot e^{-\frac{z}{\zeta}} \cos 2\,\pi \left(\dfrac{t}{\tau} - \dfrac{z}{\lambda}\right) \\[3mm] \dfrac{1}{\zeta} = \dfrac{1}{a} \cdot \sqrt{\dfrac{\pi}{\tau}} = \sqrt{\dfrac{\pi\,\varrho}{\mu\,\tau}} = \dfrac{2\,\pi}{\lambda} \end{array}\right\} \quad \cdots \cdots \quad (172)$$

Hieraus folgt

$$\left(\frac{\partial\,\omega}{\partial\,z}\right)_{z\,=\,0} = -\,\frac{\omega_0}{\zeta} \cdot \cos 2\,\pi\,\frac{t}{\tau} + \frac{\omega_0}{\lambda} \cdot \sin 2\,\pi\,\frac{t}{\tau} \cdots \quad (173)$$

Aus den Gl. (164) und (169) ergibt sich, daß von den tangentialen Druckkomponenten nur Y_z und X_z von Null verschieden sind, und daß

$$\left.\begin{array}{l} Y_z = -\,\mu\,x\,\dfrac{\partial\,\omega}{\partial\,z} = -\,\mu\,r\,\dfrac{\partial\,\omega}{\partial\,z} \cdot \cos\theta \\[4mm] X_z = +\,\mu\,y\,\dfrac{\partial\,\omega}{\partial\,z} = +\,\mu\,r\,\dfrac{\partial\,\omega}{\partial\,z} \cdot \sin\theta \end{array}\right\} \quad \cdots \cdots \quad (174)$$

Bei der Anwendung der Gl. (158) auf die Druckkomponenten an der Scheibe ist n gleich $-\,z$ zu setzen. Daraus folgt für die x-Komponente $-\,\mu\,r\left(\dfrac{\partial\,\omega}{\partial\,r}\right)_{z\,=\,0} \sin\theta$, für die y-Komponente $+\,\mu\,r\left(\dfrac{\partial\,\omega}{\partial\,r}\right)_{z\,=\,0} \cos\theta$. Die resultierende tangentiale Druckkomponente ist also $+\,\mu\,r\,\dfrac{\partial\,\omega}{\partial\,r}_{(z\,=\,0)}$ und das auf die schwingende

Scheibe ausgeübte Drehungsmoment, wenn der Halbmesser der Scheibe $= R$ gesetzt wird:

$$D = \int_0^R \mu r \cdot \left(\frac{\partial \omega}{\partial z}\right)_{z=0} \cdot 2 \pi r \, dr \cdot r = \frac{\pi \mu R^4}{2} \cdot \left(\frac{\partial \omega}{\partial z}\right)_0 \ . \ . \ (175)$$

Indem $\omega = \dfrac{d\theta}{dt}$ folgt aus (171 a), indem wir das auf die Scheibe bezügliche durch den Index 1 bezeichnen, wenn für $t = 0$, $\theta_1 = 0$

$$\theta_1 = \frac{\tau}{2 \pi} \, \omega_0 \sin 2 \pi \frac{t}{\tau}. \ . \ . \ . \ . \ (176)$$

Demgemäß kann (173) geschrieben werden

$$\left(\frac{\partial \omega}{\partial z}\right)_{z=0} = - \frac{1}{\zeta} \cdot \omega_1 + \frac{2 \pi}{\tau \lambda} \cdot \theta_1 = - \frac{1}{\zeta} \cdot \omega_1 + \frac{1}{\zeta} \cdot \frac{\theta_1}{\tau} . \ (177)$$

Aus (175) und (177) folgt, daß die Wirkung der Flüssigkeitsreibung auf die obere Seite der schwingenden Scheibe aus zwei Teilen besteht. Der eine ist der Winkelgeschwindigkeit ω_1 proportional und entgegengerichtet, dieser würde, wenn man die Bewegung der Scheibe nicht konstant hielte, ihre Schwingungen dämpfen und zugleich eine kleine Vergrößerung der Schwingungsdauer hervorbringen. Der zweite Teil ist proportional und gleichgerichtet der Ablenkung θ_1, während das Direktionsoment des Aufhängedrahtes der Ablenkung θ_1 proportional und entgegengerichtet ist. Dieser Teil vergrößert die Schwingungsdauer, aber unter gewöhnlichen Umständen nur in unbedeutendem Maße. Wird also die am Draht hängende Scheibe sich selbst überlassen, die Schwingungsamplitude nicht künstlich konstant gehalten, so bringt der erste Teil eine Dämpfung der Schwingungen hervor, und bei kleiner Dämpfung kann man das oben berechnete Dämpfungsmoment für konstante Amplitude in Rechnung stellen. Indem wir die kleine Änderung der Schwingungsdauer aus den besprochenen Ursachen vernachlässigen, erhalten wir als Bewegungsgleichung der Scheibe

$$K \cdot \frac{d^2 \theta_1}{dt^2} = - k^2 \theta_1 - (b^2 + b'^2) \frac{d\theta_1}{dt}, \ . \ . \ . \ (178)$$

wo K das Trägheitsmoment der Scheibe, b^2 von der Flüssigkeitsreibung, b'^2 von anderen dämpfenden Kräften abhängt. Durch
Division mit K:

$$\frac{d^2\theta_1}{dt^2} = -n^2 \cdot \theta_1 - (2\varepsilon + 2\varepsilon') \cdot \frac{d\theta_1}{dt} \dots \dots (179)$$

Das Integral ist[1])

$$\theta_1 = \theta_1{}^0 \cdot e^{-(\varepsilon + \varepsilon') \cdot t} \cdot \sin\left(\frac{2\pi}{\tau} + \varphi\right) \dots \dots (180)$$

$e^{(\varepsilon + \varepsilon') \cdot \tau}$ ist das Verhältnis zweier aufeinander folgender Aus-
schläge θ_1 auf derselben Seite.

$$\log \operatorname{nat} ((\varepsilon + \varepsilon') \cdot \tau) = \Lambda \dots \dots \dots (181)$$

ist das logarithmische Dekrement in natürlichen Logarithmen,
welches durch den Versuch bestimmt wird. Ist durch beson-
deren Versuch $\varepsilon' \tau$ gefunden, so kennt man

$$\Lambda_0 = \log \operatorname{nat} \varepsilon\tau. \dots \dots \dots (182)$$

Da die Flüssigkeit auf die untere Seite der Scheibe ebenso
wirkt wie auf die obere, so kommt für b^2 ein Wert in Rechnung, der doppelt so groß ist als der oben berechnete $\dfrac{\pi\mu R^4}{2K}$.
So erhält man

$$\Lambda_0 = \log \operatorname{nat} \frac{\pi\mu R^4}{2K} \cdot \frac{1}{\zeta} \cdot \tau$$

oder nach Gl. (172)

$$\Lambda_0 = \log \operatorname{nat} \frac{\pi R^4}{2K} \cdot \sqrt{\pi\tau\mu\varrho} \ \ ^2) \ \dots \dots (183)$$

woraus μ berechnet werden kann.

**57. Schwingungen einer Scheibe zwischen zwei ihr nahen
und ihr parallelen festen Scheiben.** Bei der Methode des § 56
ist das Dekrement proportional mit $\sqrt{\mu\varrho}$. Will man sie auf
die Reibung von Gasen anwenden und dabei das bekannte Ge-

---

[1]) Vgl. Kohlrausch, Friedr.: Lehrbuch der praktischen Physik.
14. Aufl. 1923, S. 552.
[2]) Diese Formel stimmt mit der von O. E. Meyer, l. c. gegebenen
überein, wenn man nur Glieder 1. Ordnung in seiner Größe $\varkappa$ berücksichtigt.

setz verifizieren, daß der Reibungskoeffizient hier vom Druck unabhängig ist, so stößt man auf die Schwierigkeit, daß bei kleinem Druck das Dekrement trotz der Konstanz von μ sehr klein wird. Die Schwierigkeit wird gehoben durch eine von Maxwell[1]) eingeführte Modifikation der Methode, indem man nämlich die Scheibe zwischen zwei festen, in kleinem Abstand d von ihr angeordneten und ihr parallelen Scheiben von gleicher Größe schwingen läßt. In diesem Fall sind die Grenzbedingungen

$$
\begin{aligned}
z &= 0 & z &= d \\
\omega &= \omega_0 \cos 2\pi \frac{t}{\tau} = \omega_0 \cos n t & \omega &= 0
\end{aligned} \Bigg\} \quad \cdot \quad (184)
$$

Man integriert die Gl. (171) unter diesen Bedingungen durch zwei gedämpfte Wellenzüge, welche in entgegengesetzter Richtung fortschreiten, nämlich

$$
\omega = \frac{\omega_0}{e^{2\varepsilon d} + e^{-2\varepsilon d} - 2\cos 2\varepsilon d}
\begin{cases}
e^{-\varepsilon z}\big[\sin 2\varepsilon d \cdot \sin(nt - \varepsilon z) \\
\qquad + (e^{2\varepsilon d} - \cos 2\varepsilon d)\cos(nt - \varepsilon z)\big] \\
+ e^{+\varepsilon z}\big[-\sin 2\varepsilon d \cdot \sin(nt + \varepsilon z) \\
\qquad + (e^{-2\varepsilon d} - \cos 2\varepsilon d)\cos(nt + \varepsilon z)\big]
\end{cases} (185)
$$

$$
\varepsilon = \frac{1}{a} \cdot \sqrt{\frac{\pi}{\tau}} = \sqrt{\frac{\varrho}{\mu}} \cdot \sqrt{\frac{\pi}{\tau}}.
$$

Daraus folgt

$$
\begin{aligned}
\left(\frac{\partial \omega}{\partial z}\right)_{z=0} &= \varepsilon\, \omega_0 \sin n t \cdot \frac{-2\sin 2\varepsilon d - e^{-2\varepsilon d} + e^{2\varepsilon d}}{e^{2\varepsilon d} + e^{-2\varepsilon d} - 2\cos 2\varepsilon d} \\
&+ \varepsilon\, \omega_0 \cos n t \cdot \frac{-2\sin 2\varepsilon d + e^{-2\varepsilon d} - e^{2\varepsilon d}}{e^{2\varepsilon d} + e^{-2\varepsilon d} - 2\cos 2\varepsilon d}
\end{aligned} \Bigg\} \quad (186)
$$

und

$$
D = \frac{\pi \mu R^4}{2} \cdot \left(\frac{\partial \omega}{\partial z}\right)_0.
$$

Das dämpfende Moment entsteht aus dem mit $\cos n t$ proportionalen Glied von $\left(\frac{\partial \omega}{\partial z}\right)_0$. Ist $2\varepsilon d$ klein gegen 1, d. h. d klein, ϱ klein, μ und τ groß, so kann man, bei der Entwick-

---

[1]) Maxwell, J. Cl.: Philos. Transact. Bd. 156, S. 249—269. London 1866.

lung der trigonometrischen und Exponentialfunktionen in Reihen, Glieder höherer Ordnung in $2\,\varepsilon d$ weglassen. Dann ergibt sich der Faktor von $\omega_0 \cos nt$ gleich

$$\varepsilon \cdot \frac{-\,4 \cdot 2\,\varepsilon d}{4 \cdot \dfrac{(2\,\varepsilon d)^2}{2}} = -\,\frac{1}{d} \quad \text{und} \quad b^2 = \frac{\pi\,\mu\,R^4}{2} \cdot \frac{1}{d} \ \ . \ \ . \ (187)$$

Daraus folgt wie oben, wenn man auch die Wirkung auf die untere Fläche der schwingenden Scheibe berücksichtigt,

$$\Lambda_0 = \log \operatorname{nat} \frac{\pi\,R^4}{2\,K} \cdot \frac{\mu\,\tau}{d} \ \ . \ . \ . \ . \ . \ (188)$$

Λ_0 ist also in diesem Fall unabhängig von der Dichte ϱ und mit μ direkt proportional, ändert sich also nicht, wenn man das Gas verdünnt.

58. Andere Fälle der Dämpfung schwingender fester Körper durch Flüssigkeitsreibung. Die Dämpfung schwingender fester Körper ist noch in verschiedenen anderen Formen zur μ-Bestimmung angewandt worden. Helmholtz und v. Piotrowsky[1]) sowie R. Ladenburg[2]) beobachteten die Schwingungen einer mit Wasser gefüllten Hohlkugel, wobei das Wasser durch Reibung mitgenommen wird, Mützel[3]) die Schwingungen eines mit Wasser gefüllten Hohlzylinders, W. König[4]) und J. L. Hogg[5]) die Schwingungen einer Voll-kugel in praktisch unendlich ausgedehnter Flüssigkeit, Zemp-lén[6]) die Schwingungen einer Kugel, welche von einer Hohl-kugel in kleiner Entfernung umgeben ist, wobei die Flüssigkeit sich zwischen Voll- und Hohlkugel befindet.

59. Ablenkungsmethode zur μ-Bestimmung. Eine andere Methode, welche mancherlei Vorzüge besitzt, ist die sogenannte

---

[1]) Helmholtz, H. und v. Piotrowsky, G.: Wissensch. Abhandl. v. Helmholtz Bd. 1, S. 172—222. 1860. Theorie von Helmholtz.

[2]) Ladenburg, R.: Ann. Physik (4), Bd. 27, S. 157. 1908.

[3]) Mützel, K.: Wied. Ann. Bd. 43, S. 15. 1891. Theorie von O. E. Meyer, ib. S. 1—14.

[4]) König, W.: Wied. Ann. Bd. 32, S. 193. 1887.

[5]) Hogg, J. L.: Proc. Am. Acad. Bd. 40, S. 609—626. 1905.

[6]) Zemplén, G.: Ann. Physik (4) Bd. 19, S. 783. 1906. Theorie verbessert: Ib. Bd. 29, S. 907. 1909.

Ablenkungsmethode. Eine Form derselben, welche sich gut bewährt hat, wollen wir näher betrachten. Die Flüssigkeit sei enthalten zwischen zwei konachsialen Kreiszylindern 1 und 2 von den Halbmessern r_1 und r_2 $(r_2 > r_1)$; wir betrachten die Zylinder als unendlich lang, um den an freien Enden auftretenden mathematischen Schwierigkeiten zu entgehen. Dem äußeren Zylinder 2 werde eine konstante Winkelgeschwindigkeit um seine Achse erteilt, 1 sei an einem Draht aufgehängt und durch dessen Torsionskraft mit einem gewissen Direktionsmoment versehen. Im stationären Zustand, den bereits Stokes[1]) berechnet hat, wird durch die entstehende Flüssigkeitsbewegung auf 1 ein gewisses Drehungsmoment ausgeübt, welches ihm eine gewisse Ablenkung aus der Torsionsgleichgewichtslage erteilt. Diese Ablenkung soll berechnet werden.

Man lege die z-Achse in die gemeinschaftliche Achse und führe Polarkoordinaten r, θ in der xy-Ebene ein. Aus Symmetriegründen wird die Flüssigkeitsbewegung eine Rotationsbewegung um die z-Achse sein, deren Winkelgeschwindigkeit nur von r abhängt. Man erhält wie im § 54

$$x = r\cos\theta, \quad y = r\sin\theta, \quad u = -y\omega, \quad v = x\omega, \quad w = 0,$$

woraus

$$\frac{\partial u}{\partial y} = -\omega + y\cdot\frac{\partial\omega}{\partial r}\cdot\frac{y}{r}, \qquad \frac{\partial v}{\partial x} = +\omega + x\cdot\frac{\partial\omega}{\partial r}\cdot\frac{x}{r}, \qquad (189)$$

folglich

$$\frac{\partial u}{\partial y} + \frac{\partial v}{\partial x} = r\cdot\frac{\partial\omega}{\partial r} \quad \text{und nach (164)} \quad Y_x = -\mu r\frac{\partial\omega}{\partial r}$$

Wir betrachten eine durch die Flüssigkeit gelegte mit 1 und 2 konachsiale Zylinderfläche S. Den Reibungsdruck, der in einem Punkt r, θ von S auf die außerhalb S liegende Flüssigkeit ausgeübt wird, findet man, indem man die x-Achse in die Richtung von r legt, gleich $-\mu r\cdot\dfrac{\partial\omega}{\partial r}$. Zur Bestimmung von ω könnte man auf die allgemeinen Gleichungen (166) zurückgehen. Schneller kommt man zum Ziel, wenn man anschreibt, daß das Drehungsmoment der auf ein Flüssigkeitselement $2\,r\,\pi\,dr\,dz$

---

[1]) Stokes, G. G.: Mathem. and phys. Papers Bd. 1, S. 102. 1843.

ausgeübten Reibungskräfte im stationären Zustand verschwinden muß; dieses Drehungsmoment ist für die innere Grenzfläche des Elements $-2r\pi dz\cdot\mu\cdot r\dfrac{\partial\omega}{\partial r}\cdot r$. Die erwähnte Bedingung besagt also, daß

$$\frac{\partial}{\partial r}\left(r^3\frac{\partial\omega}{\partial r}\right)=0 \quad\dots\dots\dots\quad (190)$$

oder $r^3\dfrac{\partial\omega}{\partial r}$ gleich einer Konstante sein muß, welche wir durch $-2C$ bezeichnen, mithin $r^3\dfrac{\partial\omega}{\partial r}=-2C$ und

$$\omega=\frac{C}{r^2}+C' \quad\dots\dots\dots\quad (191)$$

Zur Bestimmung von C und C' dienen infolge der gestellten Aufgabe die Gleichungen $0=\dfrac{C}{r_1{}^2}+C'$ und $\omega_2=\dfrac{C}{r_2{}^2}+C'$, woraus

$$C=\frac{r_1{}^2 r_2{}^2}{r_1{}^2-r_2{}^2}\cdot\omega_2. \quad\dots\dots\dots\quad (192)$$

Das auf den inneren Zylinder von der Höhe h ausgeübte Drehungsmoment ist $D=2r_1\pi h\cdot\mu r_1\left(\dfrac{\partial\omega}{\partial r}\right)_{r=r_1}\cdot r_1$, oder infolge von Gl. (191) und (192)

$$D=\frac{4\pi h\mu\cdot\omega_2\cdot r_1{}^2 r_2{}^2}{r_2{}^2-r_1{}^2}. \quad\dots\dots\dots\quad (193)$$

Dieses Drehungsmoment lenkt den inneren Zylinder 1 aus seiner Torsionsgleichgewichtslage ab um einen Winkel φ, so daß

$$D=\varphi\cdot\varDelta, \quad\dots\dots\dots\quad (194)$$

wo $\varDelta$ das Direktionsmoment der Aufhängung bedeutet. Ist τ die Schwingungsdauer des inneren Zylinders unter der Wirkung der Torsionskraft allein, also $\tau=2\pi\sqrt{\dfrac{K}{\varDelta}}$, wo K das Trägheitsmoment von 1 bezüglich der Achse, so ergibt sich

$$\varphi=\frac{D}{\varDelta}=D\cdot\frac{\tau^2}{4\pi^2 K},$$

woraus mittels des gegebenen Wertes von D

$$\mu = \frac{\pi K \cdot \varphi\,(r_2{}^2 - r_1{}^2)}{\tau^2\,\omega_2\,r_1{}^2\,r_2{}^2 \cdot h} \quad \ldots \ldots \ldots \quad (195)$$

Diese Methode wurde von Gilchrist[1]) zur Bestimmung von μ für Luft angewandt.

60. Theorie der Gleitung, Gleitungskoeffizient. Wir wollen nun an der Berührung zwischen der Flüssigkeit und einem anderen Körper, den wir uns als festen Körper vorstellen, eine allgemeinere Grenzbedingung als im § 54 betrachten, nämlich annehmen, daß die Flüssigkeit mit einer endlichen Geschwindigkeit an dem festen Körper vorbeigleite. Wir nehmen an, daß infolge hiervon auf die Flüssigkeit an der Trennungsfläche S ein tangentialer Druck ausgeübt werde, dessen Komponenten nach den Koordinatenachsen

$$X_s = F\,(u' - \bar{u}), \quad Y_s = F\,(v' - \bar{v}), \quad Z_s = F\,(w' - \bar{w}) \quad (196)$$

sind, wo u', v', w'; $\bar{u}, \bar{v}, \bar{w}$ die Komponenten der tangentialen Geschwindigkeit bzw. des festen Körpers und der Flüssigkeit da, wo sie ihn berührt, bedeuten und F eine von den Geschwindigkeiten unabhängige Konstante ist, die zuweilen Koeffizient der äußeren Reibung genannt wird und von der Beschaffenheit der einander berührenden Substanzen abhängt. Vgl. § 7.

61. Ebene Grenzfläche. 1. Fall. Die Grenzfläche sei eben und habe eine tangentiale Geschwindigkeit. Dann entsteht durch Reibung eine Bewegung der Flüssigkeit von derselben Richtung, welche zur x-Achse genommen werde. n sei die nach dem Innern der Flüssigkeit gezogene Normale der Grenzfläche.

Aus dem Gleichgewicht eines Flüssigkeitselements $ds\,dn = d\tau$ folgt mit Vernachlässigung der Glieder von der Ordnung $d\tau$

woraus, indem

$$\left.\begin{aligned} \mu \cdot \frac{\partial \bar{u}}{\partial n} + F\,(u' - \bar{u}) &= 0, \\[2ex] \frac{\mu}{F} &= \lambda \end{aligned}\right\} \quad \ldots \ldots \quad (197)$$

gesetzt wird,

$$\bar{u} = u' + \lambda \cdot \frac{\partial \bar{u}}{\partial n}. \quad \ldots \ldots \ldots \quad (198)$$

---

[1]) Gilchrist, L.: Phys. Rev. (2) Bd. 1, S. 124—140. 1913.

λ heißt der Gleitungskoeffizient und hat folgende Bedeutung. Sei (Abb. 17) AC Tangente an die Kurve AA', welche u als Funktion von n darstellt, so daß $OA = \bar{u}$ Ferner sei $OB = u'$, BC senkrecht zu. AB. Aus dem Dreieck ABC folgt

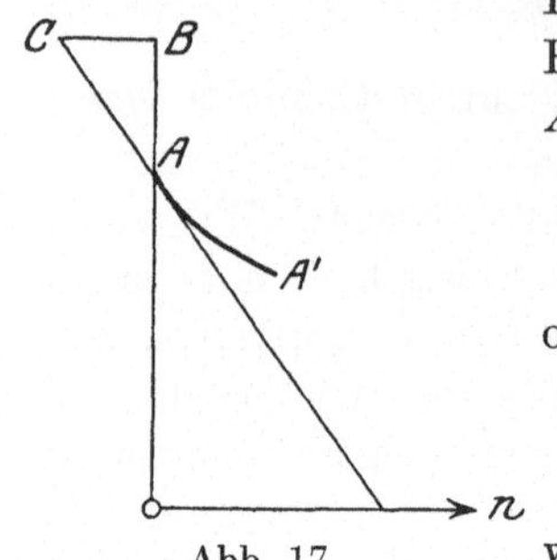

Abb. 17.

$$-\frac{\overline{\partial u}}{\partial n} = \frac{BA}{BC} = \frac{u' - \bar{u}}{BC}$$

oder

$$\bar{u} = u' + BC \cdot \frac{\overline{\partial u}}{\partial n},$$

woraus durch Vergleichung mit (198) $BC = \lambda$, d. h. der Gleitungskoeffizient ist die Entfernung von der Grenzfläche im festen Körper, in welcher $u = u'$ würde, wenn der Geschwindigkeitsgradient im festen Körper den in der Grenzfläche bestehenden Wert $\frac{\overline{\partial u}}{\partial n}$ beibehielte. Abb. 18 gibt die graphische Darstellung für den Fall $u' = 0$. OB ist gleich λ. Die Flüssigkeit befinde sich zwischen zwei parallelen um d voneinander entfernten ebenen Platten 1 und 2, es sei $u_1' = 0$, u_2' konstant.

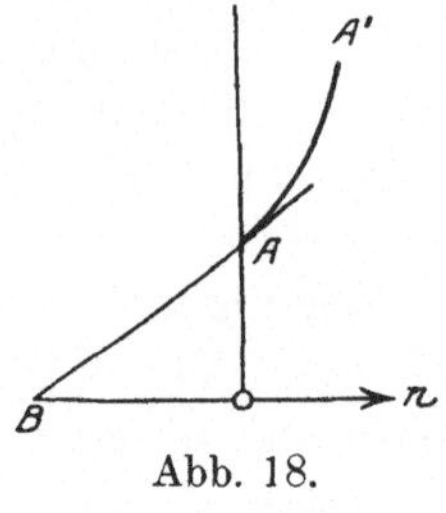

Abb. 18.

Die $+z$-Achse sei senkrecht zu den Platten und von 1 nach 2 gerichtet, in 1 sei $z = 0$. Für den stationären Zustand ist nach (166) $\frac{\partial^2 u}{\partial z^2} = 0$, woraus $u = cz + c'$ und infolge der Bedingungen an 1 und 2

$$c = \frac{\bar{u}_2 - \bar{u}_1}{d} = \frac{\partial u}{\partial z}.$$

Die Gleichung (198) liefert:

$$\bar{u}_1 = \lambda \left| \frac{\overline{\partial u}}{\partial z} \right|_1 = \lambda c$$

$$\bar{u}_2 = u_2' - \lambda \left| \frac{\overline{\partial u}}{\partial z} \right|_2 = u_2' - \lambda c,$$

woraus

$$\bar{u}_2 - \bar{u}_1 = u_2' - 2\lambda c = cd$$

oder

$$c = \frac{u_2'}{d + 2\lambda}.$$

Der von der Flüssigkeit auf 2 ausgeübte Reibungsdruck ist
$-\mu\left(\dfrac{\partial u}{\partial z}\right)_2 = -\mu\,\dfrac{u_2'}{d + 2\lambda}$. Die Gleitung hat also dieselbe Wirkung wie die Vergrößerung des Plattenabstandes um 2λ.

62. Berücksichtigung der Gleitung bei dem Ablenkungsversuch des § 59. Als 2. Fall betrachten wir die Aufgabe des § 59 unter Berücksichtigung der Gleitung, und erinnern uns, daß nach § 59 Gl. (189) $u = -y\omega$. Die Anwendung der Gleichungen (196) liefert

am Zylinder 1, wo $u' = 0$,

$$X_{S.1} = -F\bar{u}_1 = Fy_1\,\omega_1,$$

am Zylinder 2, wo $u' = -y\omega_2'$,

$$X_{S.2} = F(u_2' - \bar{u}_2) = F(-y_2\omega_2' + y_2\bar{\omega}_2)$$

$$\tag{199}$$

Das Gleichgewicht der Reibungsdrucke liefert
am Zylinder 1

$$0 = X_{S.1} - \mu r_1\left(\frac{\partial\omega}{\partial r}\right)_1 \sin\theta = X_{S.1} - \mu y_1\left(\frac{\partial\omega}{\partial r}\right)_1$$

$$= Fy_1\bar{\omega}_1 - \mu y_1\left(\frac{\partial\omega}{\partial r}\right)_1,$$

am Zylinder 2

$$0 = X_{S.2} + \mu r_2\left(\frac{\partial\omega}{\partial r}\right)_2 \sin\theta = X_{S.2} + \mu y_2\left(\frac{\partial\omega}{\partial r}\right)_2$$

$$= Fy_2(\bar{\omega}_2 - \omega_2') + \mu y_2\left(\frac{\partial\omega}{\partial r}\right)_2.$$

$$\tag{200}$$

Aus diesen Gleichungen folgt

$$\bar{\omega}_1 = \lambda\cdot\left(\frac{\partial\omega}{\partial r}\right)_1,$$
$$\bar{\omega}_2 = \omega_2' - \lambda\cdot\left(\frac{\partial\omega}{\partial r}\right)_2$$

$$\quad\ldots\ldots\quad (201)$$

Diese Werte sind in die allgemeine Gleichung $\omega = \dfrac{C}{r^2} + C'$ zur Bestimmung von C einzuführen. Es ergibt sich

$$\left.\begin{array}{ll}\text{am Zylinder 1} & -\lambda\cdot\dfrac{2\,C}{r_1^{\,3}} = \dfrac{C}{r_1^{\,2}} + C', \\[3mm] \text{am Zylinder 2} \quad \omega_2' & +\lambda\cdot\dfrac{2\,C}{r_2^{\,3}} \doteq \dfrac{C}{r_2^{\,2}} + C', \end{array}\right\} \quad \ldots \ldots \quad (202)$$

woraus

$$C = \frac{\omega_2'}{\dfrac{1}{r_2^{\,2}} - \dfrac{1}{r_1^{\,2}} - 2\,\lambda\left(\dfrac{1}{r_2^{\,3}} + \dfrac{1}{r_1^{\,3}}\right)}, \quad \ldots \quad (203)$$

und da nach § 59 Gl. (193) das auf den inneren Zylinder ausgeübte Drehungsmoment D gleich $-\,4\,\pi\,h\,\mu\,C$ ist,

$$D = \frac{4\,\pi\,h\,\mu\,\omega_2'}{\dfrac{1}{r_1^{\,2}} - \dfrac{1}{r_2^{\,2}} + 2\,\lambda\left(\dfrac{1}{r_1^{\,3}} + \dfrac{1}{r_2^{\,3}}\right)} \quad \ldots \quad (204)$$

Mit abnehmendem Halbmesser r_1 des inneren Zylinders wächst der prozentische Einfluß der Gleitung auf das Drehungsmoment D. Die Methode ist mehrfach zur Bestimmung des Gleitungskoeffizienten benutzt worden[1]).

63. Strömung inkompressibler Flüssigkeiten durch Kapillarröhren. Das Poiseuillesche Gesetz. Eine ganz andere Methode zur μ-Bestimmung als die bisher betrachteten Methoden liefern die sogenannten Transpirationsversuche, welche wir nur für inkompressible Flüssigkeiten behandeln wollen. Ein enges Kapillarrohr verbinde zwei Gefäße 1 und 2, in denen verschiedene Drucke p_1 und p_2 aufrechtgehalten werden, und es sei $p_1 > p_2$. Dann strömt die Flüssigkeit durch das Kapillarrohr von 1 nach 2 und wir wollen den stationären Zustand betrachten, in welchem die Strömungsgeschwindigkeit mit der Zeit sich nicht ändert. Die Gefäße 1 und 2 seien so weit und die Strömungsgeschwindigkeit sei so klein, daß die Drucke p_1 und p_2 auch an den Enden der Kapillare bestehen. Am Eingang in die Kapillare wird die Flüssigkeit von allen Seiten in das Rohr einströmen,

---

[1]) Timiriazeff, A.: Ann. Physik (4) Bd. 40, S. 982. 1913. — Stacy, L. J.: Phys. Rev. (2) Bd. 21, S. 239. 1923.

aber wir wollen voraussetzen, daß in einer gewissen Entfernung vom Eingang, welche wir als unendlich klein gegen die Röhrenlänge annehmen, die Geschwindigkeit merklich der Röhrenachse parallel ist. Nehmen wir diese Achse in der Richtung von 1 nach 2 zur positiven z-Achse, so ist nach der obigen Annahme $u = 0$, $v = 0$ und infolge hiervon nach den beiden ersten der Gleichungen (165) $\dfrac{\partial p}{\partial x} = 0$, $\dfrac{\partial p}{\partial y} = 0$, d. h. der Druck ist innerhalb eines Querschnittes konstant. Die Kontinuitätsgleichung (163) liefert $\dfrac{\partial w}{\partial z} = 0$, d. h. die Geschwindigkeit der Strömung ist längs des Rohres konstant. Wir führen wieder Polarkoordinaten r, θ in der xy-Ebene ein und bedenken, daß aus Symmetriegründen w nur von r, nicht von θ abhängt, infolge wovon nach § 11 $\varDelta w = \dfrac{1}{r} \cdot \dfrac{\partial}{\partial r}\left(r \dfrac{\partial w}{\partial r}\right)$ ist. Mithin wird die dritte der Gleichungen (165):

$$\mu \cdot \frac{1}{r} \frac{\partial}{\partial r}\left(r \frac{\partial w}{\partial r}\right) = \frac{\partial p}{\partial z}. \qquad \ldots \ldots (205)$$

Da nach obigem die linke Seite nur von r, die rechte nur von z abhängt, so sind beide Seiten gleich der nämlichen von z und r unabhängigen Konstante a; daraus folgt erstens

$$\frac{\partial p}{\partial z} = a, \quad p = az + b, \quad p_1 = az_1 + b, \quad p_2 = az_2 + b,$$

woraus, indem $l = z_2 - z_1$, gleich der Länge des Kapillarrohres

$$a = -\frac{p_1 - p_2}{l}. \qquad \ldots \ldots \ldots (206)$$

Es folgt zweitens

$$\mu \cdot \frac{\partial}{\partial r}\left(r \frac{\partial w}{\partial r}\right) = a \cdot r \qquad \ldots \ldots \ldots (207)$$

$$r \cdot \frac{\partial w}{\partial r} = \frac{a}{\mu} \cdot \frac{r^2}{2} + \beta$$

$$\frac{\partial w}{\partial r} = \frac{a}{2\mu} \cdot r + \frac{\beta}{r}$$

$$w = \frac{a}{4\mu} \cdot r^2 + \beta \log \text{nat } r + \gamma.$$

Da w für $r = 0$ endlich bleiben muß, ist $\beta = 0$, und es wird

$$w = \frac{a}{4\,\mu} \cdot r^2 + \gamma \quad . \quad . \quad . \quad . \quad . \quad . \quad (208)$$

Zur Bestimmung von γ dient die Bedingung an der Röhrenwand, wobei wir die Gleitung berücksichtigen. Nach (164) ist $Z_x = -\mu\,\dfrac{\partial w}{\partial x}$, und indem wir die x-Achse in die Richtung von r legen $Z_r = -\mu \cdot \dfrac{\partial w}{\partial r}$. Nach (196) ist der Druck, welchen die Wand auf die anliegende Flüssigkeit ausübt, gleich $-F \cdot \overline{w}_R$, das Gleichgewicht der Kräfte an der Röhrenwand erfordert also

$$-F \cdot \overline{w}_R - \mu \cdot \left(\frac{\partial \overline{w}}{\partial r}\right)_R = 0$$

oder

$$\overline{w}_R = -\lambda \cdot \left(\frac{\partial \overline{w}}{\partial r}\right)_R \quad . \quad . \quad . \quad . \quad . \quad . \quad (209)$$

Mithin aus (208)

$$\frac{a}{4\,\mu} \cdot R^2 + \gamma = -\lambda \cdot \frac{a}{2\,\mu} \cdot R,$$

woraus

$$\gamma = -\frac{a}{4\,\mu}(R^2 + 2\lambda R) \quad . \quad . \quad . \quad . \quad . \quad (210)$$

$$w = \frac{a}{4\,\mu}(r^2 - R^2 - 2\lambda R),$$

oder nach (206)

$$w = \frac{p_1 - p_2}{4\,\mu\,l}(R^2 - r^2 + 2\lambda R).$$

Nach dieser Gleichung zerfällt die strömende Flüssigkeit in konachsiale Röhren, welche unter Reibung aneinander vorbeigleiten. Das in der Sekunde durch das Rohr fließende Flüssigkeitsvolumen ist

$$V = \int\limits_{0}^{R} 2\,r\,\pi\,dr \cdot w = 2\,\pi \cdot \frac{p_1 - p_2}{4\,\mu\,l}\left(\frac{R^4}{2} - \frac{R^4}{4} + \lambda R^3\right)$$

oder

$$V = \frac{\pi}{8} \cdot \frac{p_1 - p_2}{\mu\,l} \cdot R^4 \left(1 + 4\,\frac{\lambda}{R}\right) \quad . \quad . \quad . \quad . \quad (211)$$

64. Experimentelle Ergebnisse. Das Poiseuillesche Gesetz für Gase. Gleitung der Gase. Für hinreichend lange und enge Röhren und hinreichend kleine Strömungsgeschwindigkeiten fand Poiseuille[1] für Wasser und Schwefeläther

$$V = K \cdot \frac{p_1 - p_2}{l} \cdot R^4 \quad \ldots \ldots \ldots \quad (211\,\mathrm{a})$$

Diese Beziehung nennt man das Poiseuillesche Gesetz, es ist mit (211) identisch für $\lambda = 0$, den Zusammenhang von K mit dem Reibungskoeffizienten μ haben erst spätere theoretische Untersuchungen aufgedeckt. Für Quecksilber fand Poiseuille andere Ergebnisse, indem sich nach ihm hier V der Proportionalität mit R^3 nähert. Nach neueren Versuchen[2] besteht indessen auch für Quecksilber die Proportionalität von V mit R^4, es ist also auch für Quecksilber, wie für alle untersuchten tropfbaren Flüssigkeiten $\lambda = 0$, eine Gleitung tropfbarer Flüssigkeiten an festen Körpern findet nicht statt.

Überschreitet die Geschwindigkeit der Strömung einen gewissen kritischen, von verschiedenen Umständen abhängigen Wert, so gilt das Poiseuillesche Gesetz nicht mehr; indem nämlich dann wirbelnde, sogenannte turbulente Bewegungen auftreten, ist die Bedingung $u = v = 0$ nicht mehr erfüllt.

Es läßt sich zeigen, daß die Gleichung (211) unter den oben erwähnten Bedingungen mit hinreichender Annäherung auch für Gase gilt, wenn V bei dem mittleren Druck $(p_1 + p_2)/2$ gemessen wird[3]. Doch hat sich für Gase der Gleitungskoeffizient λ von Null verschieden und zwar dem Druck umgekehrt proportional ergeben[4].

Nach neueren Versuchen liefern Schwingungs- und Ablenkungsversuche einerseits, Transpirationsversuche andrerseits für μ denselben Wert[5]; für Wasser bei 15^0 0,01140, bei 20^0 0,01004; für Luft, nach Millikan, $0,0001824 - 493 \cdot 10^{-9}(23^0 - t)$ zwischen 12^0 und 30^0 [5]), alles in bezug auf $\dfrac{\mathrm{g}}{\mathrm{cm\,sec}}$.

---

[1] Poisseuille, J. L. M.: Mém. des savants etrangers, Bd. 9, 1846.

[2] Warburg, E.: Pogg. Ann. Bd. 140, S. 367. 1870.

[3] Meyer, O. E.: Pogg. Ann. Bd. 127, S. 254. 1866.

[4] Kundt, A. und Warburg, E.: Pogg. Ann. Bd. 155, S. 337. 1875; Warburg, E.: ibid. Bd. 159, S. 399. 1876.

[5] Zusammenstellung für Wasser bei Ladenburg, Ann. Physik (4 Bd. 27, S. 157. 1918, für Luft Millikan, R. A.: ibid. (4) Bd. 41, S. 759.

Der Gleitungskoeffizeint ergab sich aus Transpirationsversuchen[1]) bei 20 bis 25° und 35 mm Q, für Luft an Glas 0,00017 cm[2]), für Wasserstoff an Glas 0,00034; oder reduziert auf 1 mm Q für Luft 0,0060, für Wasserstoff 0,0119.

65. Wissenschaftliche und technische Bedeutung der Viskosität. In wissenschaftlicher Beziehung ist die Viskosität der tropfbaren Flüssigkeiten besonders wegen ihres Zusammenhanges mit der elektrolytischen Leitung, die der Gase wegen ihres Zusammenhanges mit Molekulareigenschaften (mittlerer Weglänge) von Interesse.

In der Technik handelt es sich besonders um die Viskosität der Öle. Ein Maß hierfür verschafft man sich in der Technik gewöhnlich durch das Englersche Viskosimeter[3]), einem aufrecht stehenden Gefäß, das bis zu einer Marke mit dem Öle gefüllt und auf konstanter Temperatur gehalten wird; es ist unten mit einer durch Lüften eines Stiftes zu öffnenden Ausflußöffnung versehen. Man mißt die Ausflußzeit von 200 cm³ an Öl (z) und an Wasser von 20° (z_0), das Verhältnis z/z_0, bestimmt durch das gut reproduzierbare Englersche Viskosimeter, nennt man die Viskosität des Öles in Englergraden. Die Temperatur des Öles hat einen großen Einfluß, z. B. sank die Viskosität eines Öles bei Erwärmung von 20° bis 50° von 52 auf 7 Englergrade. — Da für die im Englerschen Viskosimeter benutzte Ausflußöffnung das Poiseuillesche Gesetz nicht gilt, so ist die Reduktion von Englergraden auf absolute Viskosität (Reibungskoeffizient) nicht genau ausführbar.

Beim Schmieren der Lager ist große Viskosität für die Schonung der Lager vorteilhaft, erhöht aber die zum Drehen der Welle erforderliche Arbeit, man benutzt daher Öl von mittlerer Viskosität.

---

[1]) **Warburg, E.:** Pogg. Ann. Bd. 159, S. 399. 1876.

[2]) Neuerdings bestätigt durch **Millikan, R. A.:** Phys. Rev. (2) Bd. 21, S. 234. 1923.

[3]) **Holde, D.:** Untersuchung der Kohlenwasserstofföle und Fette, sowie der ihnen verwandten Stoffe. 5. Aufl., S. 23. (Berlin: Julius Springer 1918.)

Sachverzeichnis.

Druck von Oscar Brandstetter in Leipzig.